无事时，澄然；遇事时，泰然；做事时，断然。
失意时，安然；有意时，决然；得意时，淡然。

人生感悟

RENSHENG GANWU

水　淼 ◎著

人生，只有经历跌跌撞撞，才知道心驰神往；
人生，只有经历曲折迷茫，才懂得前行方向；
人生，只有经历尴尬窘境，才学会隐忍性情。
每个人的成功都无法一蹴而就，每个人的成绩都不可一劳永逸，每一段历程的
抵达，都是跬步累积。任何事都别着急，慢慢来，生活终将好起来！

黑龙江人民出版社

序

袁晓光

　　水淼先生近作即将付梓，有幸先睹，击节之余，不免诸多感慨。

　　我与水淼相识多年，素知他的博识和严谨，但案头的这些文字，热烈、率真，温暖中饱含冷静，文采里蕴藏哲思，从日常生活点滴入手，春夏秋冬，风晴雨露霜雪，滴水藏海，片叶知秋，振警愚顽却又春风化雨。唐代白居易赞前贤谢灵运诗曰"大必笼天海，细不遗草树"，古往今来的好文字，内质之美，自是一脉承之。

　　这些文章，都是水淼先生闲暇时的积累。因为工作性质，水淼的日常工作非常繁忙，但在繁忙之余，他仍能笔耕不辍，挥洒出这多篇才思泉涌的锦绣珠玑，可见世间事，无论在任何领域，只要热爱执着，人在旅途的故事，终会化成温馨着无限拥趸的风景。

　　水淼的文章，昂扬奋进是主基调，所谓"一天一轮朝阳，

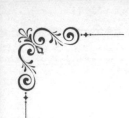

点燃向上希望""岁月见证奋进的年华，时光沉淀最美的风景"莫不如是。这大概源于他身为长者和知识分子的责任心。商品经济社会大众奔走思利，同时往往伴随着狂躁、任性和无知故而无畏，假设每一个人都能沉下心来修炼内功，自我观照，不给社会添乱，不给别人添堵，社会自然就和谐，这是一个愿景或者乌托邦，但事情如果有人肯做，有人"愿为飞絮衣天下"，必将让受惠者逐渐靠近"不道边风朔雪寒"的幸福。从某种程度上来说，水森的文章起到的正是这样的以文化人，善莫大焉。

请读，他的人生哲学——

——令人羡慕的美好生活，都是别人坚持不懈努力奋斗的收获；令人仰慕的一切楷模，都是别人苦其心志忘我拼搏的结果。

——世界上、社会里、生活中，许多许多的人面对许多许多的事，成天到晚地执着坚持，为了理想信念，自强不息，积极进取，攻坚克难，躬身实践。

——人必须天天多努力，哪怕只比别人多上一点点；人务必好好去向善，哪怕只比别人好上一点点。循序渐进长期坚持，就会和从前的自己拉开距离，和同起点的他人形成差距！

——一个人自我锻造，必然伴随痛苦与煎熬，但经历一

生一世的风吹浪打、千锤百炼，就会取得更好的品德修炼，也会提交更圆满的人生答卷。

水淼先生是仁人，胸怀大爱，他的幸福观很简单："善观善取一片光阴的温暖，许下一个更加美好的心愿，永不间断地与人为善，与己为善，与时为善，与事为善！"这种幸福，包含知足常乐——心同流水静身与白云轻，但更广、更出世，平生一寸心，愿交天下士，自适哪比泽广，独乐不如与众。

水淼也是智者，他擅长用平易的语言娓娓讲述深刻的道理，比如"做人不廉不行，脑子不用不灵，事情不干不终，问题不解不清，道理不辩不明"，比如"天道酬勤，地道酬善，商道酬信，业道酬精！"这些思辨味道浓厚的警句，是水淼人生长路上的智慧总结，细细品读，仿佛掬水月在手、弄花香满衣，所思所感处，不唯好雨涤尘山明水秀，而且豁然开朗、柳暗花明。

请品读这样的文字：

——人与人互相支撑则为"人"；人与人互相依靠则有"从"；人与人互相支撑又互相依靠则成"众"！

——个人常常会因为个人拥有而快乐，因为个人失去而悲伤，于是，有些不知足的人，即使拥有一切也不快乐。

——知福的人看似一无所有，实则样样都有。舍与得，全在一念之间转折。其实，人生的快乐记录和幸福相册，往

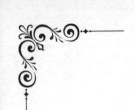

往隐藏在追求和拥有的背后，它原本就是那个既让人有所寄托，也让人心安理得的存在和感觉。

——人生追求的幸福快乐究竟又是什么？光阴似箭，取一片时光便温暖；弱水三千，取一瓢来饮便甘甜；繁花似锦，取一朵赏阅便如愿。

——生活中，每一处风景都是生命的驿站，用乐观的心目看待万物，心里就山花烂漫；人世间，最珍贵的财富是正在拥有，最快乐的心境是活在当下。

——幸福人生就是要善观善取一片光阴的温暖，许下一个更加美好的心愿，永不间断地与人为善，与己为善，与时为善，与事为善！

水淼更是勇者，他坚信汗水，坚信攀登，坚信付出终有回报。他号召"人生就应该迎着太阳的光辉，向着光明奋飞"！他告诫"倒下就是乱石一堆，挺住就是风景一道"，人生长路难免坎坷蜿蜒，总有乌云蔽日总有水复山重，如何冲破迷雾见证辉煌？唯有吹尽黄沙持之以恒。水淼以自己的文字、以自身的感悟呼唤更多的同行者，逆水行舟中流击水，让岁月悠扬五彩旋律，让生命绽放耀眼光辉。

古人说，文以载道，文以明道。载道之文，每多枯燥冗长，水淼的这些人生感悟却简洁凝练，韵味悠长，当是处在人生岔路或者迷茫无措中的读者，难得的读本。

从初识水淼先生至今，匆匆十数年余，从不惑而知天命，先生愈发坚定而乐观，博学而敦厚，文如其人，人如其文，信夫此言！

初晓一刻千金，庸人懒床，我等贪睡，先生已在灯下酝酿美文。新时代有新传播方式，稍有迟滞，众朋友众粉丝便在手机那端轻呼慢唤："先生之文"哪里去了？所以不管多忙、多累、多无暇，水淼先生便不能停歇了。作客北疆，举目无亲，凭西风瘦马做伴，先生为我们不断献上精神食粮，勾勒起北方严酷自然环境中，独特的生命体验和博大的精神空间。让我们看到了冰封天地、风雪飞旋过后的百鸟欢唱、泉水淙淙，大地万紫千红。

只是我们随意惯了，慵懒久了，于是便有了这样的愿望：水淼先生的文字一定要源源不断。于是也有了自己动笔的冲动和愿望……于是想起周作人的话："我只希望，祈祷，我的心境不要再粗糙下去，荒芜下去，这是我最大的愿望。"

权作序言。

2019 年 1 月 6 日

目 录
CONTENTS

第一卷　奋斗人生

每个人心中都有一片海　自己不扬帆没人帮你起航　　　　/03

每个清晨　都要迎接朝阳　每次拼搏　都在成就梦想　　　/04

新时代是奋斗者的新时代　新征程是长征者的新征程　　　/05

未来取决于现在　付出努力与拼搏才能收获奇迹与成功　　/06

造船的目的是破浪远航　做人的目的是追求梦想　　　　　/07

梦想不是空想　理想需要执着坚强　　　　　　　　　　　/08

努力做了　你会发现自己比想象中的优秀　　　　　　　　/09

天道酬勤　地道酬善　商道酬信　业道酬精　　　　　　　/10

蓝天深邃大海壮阔　人生舞台演好角色　　　　　　　　　/11

最精彩的不是成功瞬间　而是坚持的每一个过程　　　　　/12

坚持走好每段路　久久为功善做善成　　　　　　　　　　/13

山高水阔　弥坚恪守　必将迎来生命中的闪烁　　　　　　/14

每一个有底气的人　都有一段沉默的时光　　　　　　　　/15

周而复始不是简单地重复过去　而是在奋力超越自己　　　/16

每一段历程的抵达　都是跬步累积　　　　　　　　　　　/17

对梦想坚守为梦想奋斗　就一定会有所成就　　　　　　　/18

把握好每一天的奋斗姿态　创造和领略珍贵的生命旅程　　/19

只有设法跨越坎坷　才能不断走向高坡　　　　　　　　　/20

青春是不可复制的旅程　青春奋斗收获一生春　　　　　　/21

RENSHENG GANWU

目 录
CONTENTS

所有过往都是历练 终会变成笑的讲述 /22

没有艰苦卓绝就没有成就卓越 /23

辛勤的汗水 每一滴都蕴含逐梦的顽强奋争 /24

持之以恒忘我奋斗 担当让人永不消沉梦想成真 /25

人生没有光阴可浪费 迎着太阳的光辉 向着光明奋飞 /26

立足当前立意高远 坚定信念躬身实践 /27

人生重在自我历练 淡定从容自强达观 /28

第二卷　感恩人生

彼此接纳分享 感恩每个相遇 /31

回家 是人世间最美好的旅行 /32

丰收的硕果必有汗水点缀 奋进的步履终将快乐相随 /33

人生就是自己主创的剧目 需要平常心冷静眼热心肠 /34

人生要格外珍惜机缘 又要真正做到随遇而安 /35

眼睛是一把尺 心灵是一杆秤 衡量别人先衡量自己 /36

遇事时泰然 得意时淡然 /37

诸事以诚相待 善良成就未来 /38

一切美好的回报 源自一颗感恩的心 /39

目 录
CONTENTS

第三卷 积极人生

时间周而复始 找不回的是五彩斑斓的童年 /43

做更好的自己 努力朝着光明与自由的方向生长 /44

执着坚持 人生需要边行走边疗伤 /45

历经坎坷不灰心 迎接你的必是柳暗花明的美丽春色 /46

远离身边的负能量 拨开遮挡迎接朝阳 /47

路途坎坷仍满怀期待 更是一种年轻的心态 /48

理想之路上一个个脚印 就像水滴 终会穿石 /49

生命中的遇见 都是必经路上的风景 /50

快乐是一种心境 成功者快乐的源泉是自信 /51

积跬步至千里 想成大海必先纳溪流 /52

临渊羡鱼不如退而结网 怀揣希望追逐梦想 /53

肯为别人撑伞挡雨 是一生最大的积蓄 /54

人世间最美的风景 就是自己那颗善良的心 /55

时间是沃土 你播下勤奋拼搏 就会收获磅礴能量提升自我 /56

怀揣着明天的希望 每一个日子 就会更坚强 /57

人生每往前走一步 都是一个新起点 /58

与善人行融芝兰之香 与恶者往染咸鱼之味 /59

目　录
CONTENTS

第四卷　透视人生

人生　要经得起磨砺　　　　　　　　　　　　/63

人生必须配备的几副眼镜　　　　　　　　　　/64

静以修身俭以养德　成熟方知山不言自高　　　/65

信赖　是生命中最美的遇见　　　　　　　　　/66

苦是如叶漂泊　转弯依然割舍　　　　　　　　/67

人生好运从哪儿来?　　　　　　　　　　　　/68

思路一出　结局已定八九　　　　　　　　　　/69

人生这张船票　享受旅途才能收获风光　　　　/70

水清澈皆因懂沉淀　心通透皆因明取舍　　　　/71

未来与智者为伍　与良善者同行　　　　　　　/72

用心点亮岁月　一辈子沐浴阳光神采飞扬　　　/73

与俊鸟同飞　让生命绽放智慧之光　灵性之美　/74

传递并接收善意　改写人生轨迹　　　　　　　/75

最大的人格魅力　是有一颗阳光般的心　　　　/76

心态　决定心境　行动　决定命运　　　　　　/77

腹中天地宽　胸怀是最精彩的舞台　　　　　　/78

懂得进退方能成就人生　　　　　　　　　　　/79

一语道破人生　　　　　　　　　　　　　　　/80

为人处世之道　　　　　　　　　　　　　　　/81

目 录
CONTENTS

在平静中感受生活的本真 在平淡中提升生活的质量 /82

强者未必强势 刚者易折柔则长存 /83

对过去平淡 对现在惜怜 对未来弥坚 幸福就会敲门打门环 /84

真诚和善良是走进心灵深处的必经之路 /85

人成长贵在自知之明 人成功贵在持之以恒 /86

笑纳褒贬付出 无怨阔步向前 /87

不可改变的去改善 不能承担的就放下 /88

把每个当下付诸精彩的努力 未来才会留下最美好的回忆 /89

雄鹰没人鼓掌也在展翅翱翔 做事不求理解只求尽心尽力 /90

懂宽容知体谅 光明磊落心地善 /91

做人付真心 做事讲良心 无悔于己 无愧于人 /92

心交心友情才能恪守 心暖心感情才能持久 /93

生命是零损耗的回声壁 乐善好施更能体会人人助我 /94

让自己用心想的事有意思 让自己尽心做的事有意义 /95

善意相待以诚往来 遭遇薄情坦然释怀 /96

不要总循着别人足迹前行 善于另辟蹊径才能遇见桃花源 /97

规则胜过人情 团队超越个人 用诚信实力敲开人生之门 /98

人人都是一部书 你在品读别人 别人也在品读你 /99

战胜颓废忍过疲惫 成功和喜悦就会形影相随 /100

路再长不止步终能抵达 山再高不停顿终能凌绝顶 /101

目　录
CONTENTS

第五卷　修心人生

珍惜当下 守住自己的幸福最为紧要 /105

人生本来就没有完美 懂得知足才能体会快乐 /106

人的锤炼锻造恰似捣磨香料 愈精细愈香飘四溢 /107

修成"莲花心" /108

人生需要"归零" 每天刷新自己 /109

未来姗姗来迟 过去永远静止 现在用真正的努力珍惜 /110

回看射雕处 千里暮云平 大道直行淡定从容 /111

目标因你喜欢而奖你方法 快乐因你喜欢而给你欢笑 /112

在得失间汲取人生感悟 给予自己一个明媚的时空 /113

世上没有任何理由 可以让人生不去奋斗便来享受 /114

宝剑锋从磨砺出 踏破铁鞋前途终会海阔天空 /115

表里如一知行合一 愉悦别人快乐自己 /116

人生顺境和逆境都蕴含励志进取的丰富含义 /117

天道酬勤 取舍有道 /118

幸福 取决于对不良情绪的克服和开拓心地的宽度 /119

人生路上无论善待了谁 都会有温馨在心田流转 /120

人生恰似空谷回声 你怎么送出 它就怎么回应 /121

做人既要有力争上游的勇气 更要有甘愿低调低头的大气 /122

忍是一种大度胸怀 让是一种亲和心态 /123

目录
CONTENTS

助人才能乐己达己 互利方可共赢共享 /124

包容是善待他人和自己的精神生活 是蕴含爱的友善
　仁义的心胸境界 /125

莫为欲望朝思暮想 眼前拥有的最值得心驰神往 /126

跨越陡峭的坡 蹚过奔腾的河 自强不息是人生终身的必修课/127

烦恼最大的来源是看不透得与失 /128

倒下就是乱石一堆 挺住就是风景一道 /129

心境不同 处境便不同 /130

美因简单而飞舞 /131

第六卷　感悟生活真谛

懂得珍惜 便拥有了幸福 /135

所有疑问都为探究答案 事理在破立之间 /136

点点滴滴做好眼前事 不再空想耗时间 /137

珍惜这一生从珍爱自己做起 /138

风雨中撑伞的人是命运赐予的亮丽风景 /139

明白残酷 坦然感悟 向往如故 /140

幸福的人笑对曲折 用感恩的心收获快乐 /141

时空穿梭懂得了聚散随缘 光阴荏苒明白了随遇而安 /142

心灵简朴平淡过 人生知足多快乐 /143

RENSHENG GANWU

目 录
CONTENTS

明晰自己的人生坐标 人生的经历就会充满欢笑 /144

一生注定要跋山涉水 就像天空不能总是阳光明媚 /145

心里阳光 冰霜消融 精神如旭日冉冉东升 /146

精心把握今天 不过分留恋昨天 /147

属于自己的风景线才会流连忘返 /148

你若阳光 日月亦昭昭 /149

慎思彻悟坚忍成长 演绎人生精彩华章 /150

回首来路 洁白的云徜徉在晴朗的天幕 /151

人生很多体验不仅相对且可换位 /152

一个人用花朵看世界 世界就在花丛中 /153

能复制过去的 唯有刻骨铭心的记忆 /154

诗意般地生活 沐浴属于自己的雨露阳光 /155

一天一轮朝阳 点燃向上希望 /156

人生知福就幸福 知足易满足 /157

人人都是人生哲学一本书 /158

静以修身俭以养德 简单是人生的底片 /159

挨过风吹雨打仍自我鼓舞 前方便是坦途 /160

累了 别忘把心靠岸 /161

经历如流 踏斑斓波光坦然放歌 /162

每天拥抱朝阳 让晨光滤尽彷徨 /163

会放下 善自助 每天与朝阳同起步 /164

目 录
CONTENTS

岁月 让铭记和放弃飘出温馨旋律　　　　　　　　　/165

走过岁月 幸福就是回头 朋友你还在　　　　　　　/166

你若从容不迫 命运才会和颜悦色　　　　　　　　　/167

人要坚持仰望星空 无视泥泞小坑　　　　　　　　　/168

昨天是今天的故事　　　　　　　　　　　　　　　　/169

珍惜人生中的幸遇 释怀命运中的残缺　　　　　　　/170

随时都是开端 从不存在迟缓　　　　　　　　　　　/171

带着强大的内心 笑看花开观风景　　　　　　　　　/172

每天给人生一个甜美的笑脸　　　　　　　　　　　　/173

别人眼中你有千面 用良知照见自己　　　　　　　　/174

用心经营的生活 绽放最绚烂的花朵　　　　　　　　/175

红尘之中永携初心 让流年绽放如花　　　　　　　　/176

所有的拼搏担当 喜欢是最好的诠释　　　　　　　　/177

仰望而不失自尊 俯视但不要自负　　　　　　　　　/178

让自己轻装 人生的风景跃然在路上　　　　　　　　/179

悦目观赏路遇风景 就会无视摇曳颠簸　　　　　　　/180

一步一趋走过的路 脚印最清楚　　　　　　　　　　/181

人生如舟行大海难免遇险阻 自强不息前行处处皆风景　/182

目 录
CONTENTS

第七卷　品味人性魅力

成熟的人 不问过往 豁达的人 不问未来　　　　　　/185

见贤思齐 虚心效仿 努力出类拔萃　　　　　　　　/186

播下一个习惯 收获一种性格　　　　　　　　　　　/187

淡泊宁静 方能体味生活的馨香　　　　　　　　　　/188

理智克制 定位处境 自觉修行　　　　　　　　　　/189

善良是精神世界最明媚的阳光　　　　　　　　　　　/190

知恩图报 用勤奋行驶在人生的轨道　　　　　　　　/191

心灵纯洁 才能看见世间最美的风景　　　　　　　　/192

心存感恩就会感知温馨　　　　　　　　　　　　　　/193

心是朗空 宽容如海上飞歌　　　　　　　　　　　　/194

用自己的一颗心定格喜怒哀乐　　　　　　　　　　　/195

淡定从容是厚积薄发的注解　　　　　　　　　　　　/196

浮躁源于肤浅 耐心是修养的积淀　　　　　　　　　/197

做人真诚为先 修心善良为本　　　　　　　　　　　/198

银汉迢迢 缘是有颗星向你眨着眼睛　　　　　　　　/199

心宽一寸路宽一丈 海纳百川有容乃大　　　　　　　/200

真诚真实 信步悦人悦己的人生　　　　　　　　　　/201

从容不迫处事 笑容可掬处人　　　　　　　　　　　/202

宝剑锋从磨砺出 耐心成就世界上的了不起　　　　　/203

RENSHENG GANWU

目　录
CONTENTS

律人必先律己　厚德载物不令而为 /204
静享沉默时光　赏读辽阔远方 /205
驾驭情绪调动身心　追光阴 /206

第八卷　探寻事业之道

人生旅程崎岖不平　有人一蹶不振　有人热血沸腾　看到不同风景 /209
自强不息　才是强者人生本色 /210
相见情已深　未语可知心　岁月蹉跎又奈何 /211
所有收获　必有辛勤的耕耘 /212
过往只是人生的足迹　向前才能遇见人生的瑰丽 /213
历练方能虚怀若谷　顽强终会走向幸福 /214
自我施压　才能自我超越 /215
品德左右着一个人的生存价值 /216
心中留一片晴空　斗转星移　终是朗朗乾坤 /217
每一个光彩照人的背后　都有一个不懈奋斗的灵魂 /218
尽管不能事事如意　但可件件尽心竭力 /219
人生目标务实清晰　个人奋斗理智积极 /220
人生付出的努力　无外乎"见笑"或"见效" /221
自律是通向成功最近的距离 /222
求索的路上艳阳高照 /223

目 录
CONTENTS

推陈出新自然之道 优化自身方是最佳定位　　　/224

笑到最后才是最好 不言放弃璀璨自己　　　/225

人的名声是经历和付出的回响　　　/226

驰而不息地努力 让生命回归平静与充实　　　/227

前路 因向往而璀璨 因等待而日暮　　　/228

第九卷　把握处世哲学

水满则溢莫求全 知足常乐神清气闲　　　/231

苦乐一念间 画意润心田 诗情返自然　　　/232

命运是一粒种子 你耕耘它就赐你硕果　　　/233

世上本无事 何须去琢磨 豁达自然洒脱　　　/234

你若阳光 天必晴朗　　　/235

言多有失 话多有差 令多有误　　　/236

时间让圣洁的灵魂越发楚楚动人　　　/237

给别人让度空间 自己的路会更高远　　　/238

坚信犹如第一缕阳光 沐浴其中就会青春荡漾　　　/239

人生 随缘便心安　　　/240

我路在我不在足 我福惠我不惠苦　　　/241

消极生烦恼 积极遇美好　　　/242

勤奋豁达 乐己助人　　　/243

RENSHENG GANWU

目 录
CONTENTS

恬静是日落月升的优雅 /244

心平气和地接受世事的甘苦与圆缺 /245

空谈与幻想结金兰 干就快干 /246

第十卷 修炼人生智慧

在心田开一扇窗 事必躬亲采摘至深愉悦 /249

人有一百 形有百态 /250

为人处世 践行"四常" /251

经常笃学铭记和深思彻悟的十四个批注 /252

要学会放下! /254

人生感悟 美言赠己 /255

路不通就拐拐弯儿 欣喜才是硬道理 /256

灿烂在阳光下绽放 理想在拼搏中展望 /257

莫丢星光不怠慢太阳 惜时如金笑对艰辛 /258

放松心情提升自我 不负时光和努力 /259

俯视江海潮生 笑对百般人生 /260

跨越沟壑 是奔向成功的快乐 /261

单丝不成线 垒石成塔因凝聚而超越 /262

人生最长久的拥有是珍惜 /263

诗意遐想浪漫时尚 辛勤弹奏生命乐章 /264

目 录
CONTENTS

井底之蛙只能蜗居 草原上骏马日行千里 /265

临渊羡鱼 不如走好自己的人生轨迹 /266

生命有局限别消耗于抱怨 生存有空间要勇于拓展 /267

与命运拼争渐次强悍 人生境界巅峰仍有企盼 /268

第十一卷 思考成就人生

拼搏的路上永不驻足 携初心便会一生奋斗 /271

拥有一颗感恩之心面对世事 生命就会温柔以待 /272

处逆境恪守初衷 临佳境居安思危 /273

逆水行舟用力撑 你若坚持曙光必现 /274

信仰是心中的绿洲 希望之地让人纯洁 /275

守诺是信任的基石 失信是失败的前奏 /276

人生舞台 强者如珍珠总是熠熠发光 /277

秋需要细赏慢品 /278

知不足而改进 不言败强底蕴 /279

爱是生命的火焰 坦诚相交彼此温暖 /280

做人就要做拥有"三条命"的人 /281

爱 是天地之间最大的磁场 /282

吃苦受累人生原味儿 负重前行与朝阳相迎 /284

所有经历都是铺垫 终将绘就人生的五彩斑斓 /285

目 录
CONTENTS

阅历在经历中丰富 脚踏实地深刻感悟 /286

心态时刻自我调整 尽享生命最美风景 /287

期待会在等待中凋谢 看花莫待花枝老 /288

通往理想的路蜿蜒崎岖 坚持跑下全马才能登顶 /289

拼搏却淡泊名利 用深度丈量生命的意义 /290

坚忍是由内而外的熊熊烈火 终将燃烧成卓越的自我 /291

生命是追梦与圆梦的链接 经历的失去都是命运的褒奖与恩赐 /292

人生路上 放下过度奢求 给自己一片纯净轻松自由的天空 /293

随缘生活自然洒脱 恬静淡定知足常乐 /294

用童真的眼神看世界 心灵澄清赏一路风景 /295

持之以恒的求知欲 在孜孜以求的行动中抵达 /296

用童真调动心灵 激情四溢与快乐同行 /297

看淡些心境就会站在秀峰 看开些心情才会遇见光明 /298

人生路上 纵使稀松平常也要笑入梦乡 /299

人生求变 每天都需要"从现在做起" /300

生命中最好的机遇是遇见心旷神怡的自己 /301

繁忙中寻一丝惬意 在嘈杂中寻一分静谧(受"十"字启迪) /302

涵养来自潜移默化的积淀 能力是千锤百炼后的机缘 /303

鲜花对人的启发! /304

打开心窗 是抵达彼此最近的距离 /305

最好的总会在最不经意间出现 /306

目 录
CONTENTS

人生参悟太阳 努力燃烧自己霞光万丈充满希望　　　/307

人生演绎四季 春夏秋冬辛勤努力　　　/308

人人皆是大千世界里的过客 笑对风云起落　　　/309

哪人人前不说人 谁人背后没人说　　　/310

胸有大志大爱之人 定会自强自律生存　　　/311

真挚情感是千载难逢的心照不宣 蕴藏着根植于心田的情缘　　　/312

岁月见证奋进的年华 时光沉淀最美的风景　　　/313

人不怕累身 而惧怕累心　　　/315

所有经历 都是给人生的礼遇　　　/316

柳成荫看似无心 其实却是水到渠成　　　/317

人间最美风景在心中　　　/318

人生要富有梦想 但必须正视现状　　　/319

六句话浓缩人生　　　/320

人总有期待也总有无奈 顺其自然心胸坦然放得欣然安然　　　/321

生命是自然给予人类雕琢的宝石 你是自己最出色的雕刻师　　　/322

高傲自大是成功的流沙 切勿恃才傲物沽名钓誉　　　/323

朋友丰富人生 相遇厚道人要倍加珍惜　　　/324

坚定信仰坚强担当 时光终究会陪同你闪耀辉煌　　　/325

淡泊明志宁静致远 人生选取平淡实则更伟岸　　　/326

洞察决定眼界 眼界决定格局 大远见铸就大格局

（七问七断人生）　　　/327

目 录
CONTENTS

百川争流浪淘沙 感念甘苦与共 铭记善待欢聚 /328

健康是最明智的选择 身勤则强逸则病 /329

不管书山有无径 学而不厌贵永恒 /330

平生多感激 心存感恩就会感到幸运感觉温暖 /331

过则勿惮改 认错纠错本身就是多彩向上的生活 /332

善于做梦乐于追梦 务实肯于不被幻想羁绊 /333

志存高远无愧时光 找准方位奋力前飞 /334

捧起淡雅花香 握住理想信仰 让爱的温馨诗意流淌 /335

人生之旅心静 眼帘才能出风景 /336

心态管机缘 健康的身心是人生最大的资本金 /337

流了汗水才会有收获 受点儿累生活才更有滋味 /338

上善若水 善待一切在善意中成长 /340

逆境抬头是一种勇气和信心 顺境低头是一种低调谦逊 /341

信任 是高于个人声誉的一种无形资产 /342

拥有一颗善良的心 做人修身才是成功 /343

走自己的路让别人说去吧 是一种自信！是一种定力！ /344

终点也许就藏在拐角的后面 坚持勇往直前 绚烂风景就会出现 /345

品格是一种内在的力量 在相处中诠释信服的魅力和深情厚谊 /346

人要豁达洒脱 太在乎什么就会被什么折磨 /347

人之相知贵相知心 与人为善被人感念 /348

云淡得悠闲 水淡育万物 静心无波才有好生活 /349

沁园春·柏坡朝圣 /350

RENSHENG GANWU

目 录
CONTENTS

始终顽强奔跑 尽享春色美好 /352

善待每一个人 善待每一桩事 珍惜每一片景 珍重每一份情 /353

不管昨天是否有成就 一定努力让自己今天更优秀 /354

贪利而取危 贪权而取竭 做人无欲则刚 /355

直面挑战 站稳脚跟 增强脚力 掌控脚步 /356

本钱与本事犹如鸟之两翼 体力强劲精力充沛才有

　渊博睿智和深邃 /357

淡泊宁静人生处处是风景 宠辱不惊一路诗意前行 /358

莫自视清高 勿盲目承诺……且看《人生十忌》 /359

相互关爱 生命便能欣欣向荣 忘我拼搏 人生才能气势如虹 /362

人人内心深藏一片大海 只有自己才能拔锚起航 逐梦成真 /363

拒绝冷漠心里就会暖和 笑对世界心里就会快乐 /365

悠然立地顶天 淡然行走世间 怡然常驻心田 /366

第十二卷　营造快乐生活

每一个晨起都会迎来朝旭 要勤奋进取感受晨曦 接受洗礼 /369

不与人争长论短 谦和礼让昂扬向上 /370

以理智应对偏见 以宽容面对无情 终会赢得理解尊重 /371

真正读懂时光与岁月 执着追求一颗平常心 一颗进取心

　一颗敬畏心 一颗感恩心（12个"一"） /372

目 录
CONTENTS

认真者变革自我 执着者不停跨越　　　　　　　　　　　　/373

任劳任怨放下负担敞开心扉 生活需要挥洒汗水欣然笑对　　/374

远离负能量 健行在阳光明媚的路上　　　　　　　　　　　/375

历经沧桑依然追寻梦想 跨越坎坷就能收获辉煌　　　　　　/376

心若安泰 香自满怀 身若洁白 安然自在　　　　　　　　　/377

相识靠缘分 相知靠情分 珍惜相遇　　　　　　　　　　　　/378

外部压力越大内生动力越足 自强自立 时光就会赋予幸福　/379

荣辱与共 心有灵犀 "一二·九"说朋友　　　　　　　　　/380

悠然行走在自己的世界里 用真情实感绘成缤纷的生命轨迹　/381

承受压力 传递快乐 经历都是人生的打磨　　　　　　　　　/382

把拼搏求索叠成美丽的鲜花 不断绽放给世界　　　　　　　/383

不懈努力提升自己 时空变幻 一切皆可改变　　　　　　　　/385

荣辱幸厄随风过 怡然生活 彻悟一切 依然昂首阔步洋溢豪情/386

博学而日参省乎己 不断地攀升人生修养的境界　　　　　　/387

狡辩不如改变 遇窘境找原因探路径　　　　　　　　　　　　/388

取一片光阴的温暖 善待生命的每一处风景　　　　　　　　　/389

时间能让人历练到坚不可摧 岁月会让人成熟到不求宽慰　　/390

心平气和简朴生活 心灵清澈怡然自乐　　　　　　　　　　　/391

删堵一怒一恼 心中长存感激 脑海常现美好　　　　　　　　/392

努力奋斗收获令人羡慕的美好生活 忘我拼搏成为令人仰慕的楷模/393

想让自己生活更加美丽 就必须更加美好地生活　　　　　　　/394

RENSHENG GANWU

目 录
CONTENTS

给一颗感恩的心灵赋予执着 就可以像山峰一样屹立巍然　/395

信念靠不忘初心日益坚定执着 信誉靠信守诺言不断上升提高/396

倾听自己的心声 怀揣希望奋发进取 幸福就会近在咫尺　/397

心存感恩感激 自己的生活就会充满关爱 世界会更精彩

（感恩与感激）　/398

感恩每一个相伴 感恩每一缕阳光 编织梦想 托起希望　/399

心静即声淡 其间无古今 自由自在豁达洒脱　/401

命运是一种使命 努力拼争玉汝于成　/402

爬坡时要有下坡时的心情 下坡时要有上坡时的憧憬　/403

道法自然 老子30个人生感悟　/404

第一卷

奋斗人生

JFENDOU RENSHENG

每个人心中都有一片海
自己不扬帆没人帮你起航

人生就是一场自我较量、自我拼搏、自我竞争，要让积极占上风，战胜消极；要让快乐占上风，战胜忧郁；要让勤奋占上风，战胜懒惰；要让坚强占上风，战胜脆弱。

人生感悟

REnSHEng ganwu

每个清晨 都要迎接朝阳

每次拼搏 都在成就梦想

　　在每一个醒来的清晨，都要迎接朝阳，勉励自己：努力努力再努力，拼搏拼搏再拼搏，坚持坚持再坚持，你就能造就更好的自己！

新时代是奋斗者的新时代
新征程是长征者的新征程

　　新时代的帷幕已经拉开，新征程已经精彩开启，那些激动人心的梦想，那些眺望触目的远方，都在等待着追寻与向往。

　　或许，未来生活也会有不如意；或许，前进道路仍然伴有风雨。但是，这些都不足为虑，圆梦奋进的征程上，始终不容迟疑，永远不要彷徨!

　　新时代是奋斗者的新时代，只有奋斗的人生才能创造并享有幸福的人生。新征程是长征者的新征程，只有以永远在路上的执着，去追逐你的梦想，去热爱你的生活，去开拓你的事业，去谱写你的乐章，这样绘就的人生画卷才是丰富多彩的，也是快乐开怀的。

未来取决于现在
付出努力与拼搏才能收获奇迹与成功

　　人生就像骑单车独行，方向一直掌握在自己手中，用力蹬才能前行。

　　一路上不管逆风还是顺风，方向、路径和进程全凭自己掌控。

　　你的未来取决于你的现在，付出多少努力与拼搏就会收获多少奇迹与成功。

造船的目的是破浪远航
做人的目的是追求梦想

　　人生，爱拼才会赢，气馁就当熊！活着就要活得漂亮，走着就要走得铿锵。自己不奋斗，终究没前途。

　　无论是谁，宁可做拼搏进取的失败者，也不做得过且过的平庸者。

　　造船的目的不是停在港湾当摆设，而是迎风破浪去远航；做人的目的不是窝在家里打瞌睡，而是自强不息追梦圆梦实现理想。

　　世人并不看重昨天的你如何了得，而是更加注重考量今天的你何等辉煌；并不愿意攀谈以前的你怎么艰难，而是更喜欢讨论现在的你如何坚持。

　　人生就像舞台，不到谢幕，永远不要认输退场！人生恰似没有终点的长跑，没有宣布结束赛程，夺冠皆有可能！

奋斗人生 FENDOU RENSHENG

梦想不是空想
理想需要执着坚强

当你的才华还支撑不起你的梦想时，你就应该静下心来学习；当你的能力还驾驭不了你的目标时，你就应该沉下心来历练。

梦想，不是空想，不能浮躁轻狂；而是理想信仰，必须沉淀积累和执着坚强。

只有拼出来的荣光，没有等出来的辉煌！

机会对于那些最渴望、最顽强的人来说，永远等你在路上。

努力做了
你会发现自己比想象中的优秀

真正决定一个人成就的，既不是天分，也不是运气，而是最严格的自律和高强度的付出。

成功的秘密，根本就不是什么秘密，那就是永不停止地做实事。简单的事情重复做，重复的事情用心做。

如果你真的努力做了，目标越来越明晰，离你越来越靠近，你就会发现自己比想象中的优秀。

天道酬勤 地道酬善
商道酬信 业道酬精

永远不要让现在的思维、眼界与胸襟，限制了自己对未来的思索、追求和拼争。

有路，就大胆地去走；

有梦，就大胆地飞翔；

若要成功，就要大胆去闯。大胆尝试才是信仰。不敢做，不去闯，梦想就会变成幻想。

前行的路，不怕万人阻挡，只怕自己投降；人生的帆，不怕狂风巨浪，只怕自己没胆量！

天道酬勤，地道酬善，商道酬信，业道酬精！

人生就是一场马拉松。领先时不必沾沾自喜，落后时也不用慌乱着急，此刻的得失成败，不代表最终的成绩。

人生要把鲜花和掌声当作前进的动力，把挫折和失败化为奋进的勇气，只要不放弃，再平凡的人生也能创造奇迹。

蓝天深邃大海壮阔
人生舞台演好角色

　　人生的舞台上处处都有精彩，与其羡慕他人的位置，不如演好自己的角色。

　　没有蓝天的深邃，可以有白云的飘逸；没有大海的壮阔，可以有小溪的优雅。

　　怀揣希望，逐梦前行，你就是自己的人生主角。

最精彩的不是成功瞬间
而是坚持的每一个过程

人生感悟

RÉnSHÈng gánwù

人生是一杯茶，

不会苦一辈子，

但总会苦一阵子。

时间又像一张网，

我们把它撒在哪里，

收获就在哪里。

忙碌是幸福，

它让我们没时间体会痛苦；

奔波是快乐，

它让我们真实地感受生活。

人生最精彩的不是成功瞬间，

而是坚持的每一个过程。

坚持走好每段路
久久为功善做善成

　　时光的脚步走过春夏秋冬，不管是事半功倍收获颇丰，还是历经坎坷劳而无功，都要不忘初心，坚定信心，砥砺前行，方得始终。

　　为明天做好准备的最佳方法，就是集中所有智慧、全部热诚，把今天过得红红火火、尽善尽美。

　　坚持走好每段路，久久为功，善做善成，就必定收获属于自己的那分成功。

山高水阔 弥坚恪守
必将迎来生命中的闪烁

　　所有的努力，皆因对生命的承担；所有的承担，都源于不负初心的期待。

　　这个世界上，美好总是稍纵即逝，山高水阔，我们各自弥坚恪守。

　　愿人生经常回味，愿结局终究圆满，愿所有等待最终不被辜负。

每一个有底气的人
都有一段沉默的时光

人一生会走过很多路。

有一条路不能拒绝，就是成长的路；

有一条路不能涉足，就是堕落的路；

有一条路不能迷失，就是信念的路；

有一条路不能停滞，就是奋斗的路；

有一条路不能忘记，就是回家的路！

调整心情，收拾行囊，轻装上路，坦然启程！

每一个有底气的人，都有一段沉默的时光。那一段时光，是付出了很多艰辛努力，忍受过一些孤独寂寞，不抱怨不诉苦，日后说起时，连自己都能被感动的日子！

所以要相信不是杰出的人才做梦，而是做梦的人才杰出。有梦想，有努力，就有希望，就有前途。

周而复始不是简单地重复过去
而是在奋力超越自己

大无畏者不是什么都不怕，而是知敬畏大胆往前走。

辉煌人生不是从来没有惨淡，而是高举理想火炬一直点燃希望。

强者总是能在跌倒中忍痛站起，坚忍地用微笑置换哭泣。

常绿树的秋叶经受了霜冻就能迎接翠青，落叶树的枯枝忍受过寒冬就能孕育春天的生命。

真正的稳固取决于不断学习进步，不断优化自己的知识结构，牢牢掌握和善于运用正确的思想方法和科学的思维方式，始终保持昂扬向上的精神状态，不断激发无比强大的内生动力。

一个人所希望的"稳固"是丢掉任何不切实际的幻想之后的成熟，是抛弃所有主观臆断的假设之后的起步，是可以洞穿人生尽头之后的重复，是领会酸甜苦辣之后的坚守！

每一段历程的抵达
都是跬步累积

人生，只有经历跌跌撞撞，才知道心驰神往；

人生，只有经历曲折迷茫，才懂得前行方向；

人生，只有经历尴尬窘境，才学会隐忍性情。

每个人的成功都无法一蹴而就，每个人的成绩都不可一劳永逸，每一段历程的抵达，都是跬步累积。任何事都别着急，慢慢来，生活终将好起来！

对梦想坚守为梦想奋斗
就一定会有所成就

只要自己不抛弃改变现状的梦想，梦想永远都不可能抛弃你！

只要自己不怀疑向善向上的力量，能量永远都会在你身上！

人生不管有多么困苦、有多么劳累，要追求成功、追求卓越就必须经历过艰辛、经得起历练！

任何人都没有理由，也没有借口，心中有向往追求而不去奋斗！

人的一生永远都要自觉地反求诸己，善于从自身寻找问题！对梦想的坚守就是无穷的力量，为梦想而奋斗就一定有所成就！

把握好每一天的奋斗姿态
创造和领略珍贵的生命旅程

男人之美在于心胸大度；女人之美在于心地善良；孩子之美在于心灵天真；家庭之美在于心心相印；生活之美在于心想事成；朋友之美在于心诚对心诚。

看的是书，读的却是世界；品的是茶，尝的却是生活；走的是路，历练的却是人生。

人生好像一张有去无回的单程票，调整好每一天的精神状态，把握好每一天的奋斗姿态，照顾好每一天的身体形态，就创造和领略珍贵的生命旅程！

只有设法跨越坎坷
才能不断走向高坡

　　大地不平衡，就有了奔流不息的江河；温度不平衡，就有了周而复始的季节；人生不平衡，就有了千差万别的生活。

　　人生道路，不是笔直的涅瓦大街，每一个人都会遭遇沟壑，只有想方设法跨越坎坷，才能不断走向仰望的高坡。

　　生活从不相信懦弱者的眼泪，也从不给彷徨者机会，更从来没有为旁观者留过席位！

　　自信的人生就是每时每刻给自己正确定位，时时处处在奋发有为！

青春是不可复制的旅程
青春奋斗收获一生春

  人生最可贵的是生命，生命对每个人来说只有一次。生命有长有短，在正常情况下都能经历"生老病死"四大周期，走过少年、青年、成年、壮年、老年等五大阶段。

  人生每个阶段都有相应的诗篇，青年篇主题叫青春，既长存灿烂，也常留遗憾，因为当我们拥有它的时候，往往似懂非懂；而当我们能够大彻大悟它的时候，它却早已走远。

  人生的青春都是那么美好，在这段过往不返、不可复制的旅程中，每个人都拥有独一无二的记忆，不管是孤立无援、忐忑不安，还是欢快团圆、幸福平安，它都是星光灿烂、五彩斑斓的最大亮点。

  谁虚度了年华，青春就将褪色。一年之计在于春，一生之计在青春。挥霍的青春终身恨，奋斗的青春一生春！

所有过往都是历练
终会变成笑的讲述

要奋斗就会有牺牲！

人生只要选择了奋斗，就千万不要怕吃苦。没有艰苦磨砺，哪有出类拔萃？没有艰苦跋涉，哪有"平步青云"？没有艰苦卓绝，哪有举世瞩目？！

人生的每个经历，不管是顺境还是逆境，无论是坦途还是坎坷，都会增加你生命的高度、厚度、温度。所有的苦楚，以后都会变成笑的讲述！

没有艰苦卓绝就没有成就卓越

任何人没有艰苦努力就没有显著成绩，没有艰苦卓绝就没有成就卓越。

一位经理人说得好，工资是发给工作平常的人，高薪是发给责任担当的人，奖金是发给成绩突出的人，股权是分给志同道合的人，荣誉是颁给增光添彩的人，辞退文书送给无能为力又不能与人齐心协力的人！

这个世界里，有的人总在夜以继日、废寝忘食地努力，而有的人日复一日、荒废光阴地混日子。有位哲人说："人一辈子有四次改变命运的机会：一次是含着金钥匙出生；一次是上个好学校找份好工作；一次是通过一桩美满姻缘而改变；如果这三次机会你都有没遇到，那么，你还有一次唯一的机会，那就是靠自己努力奋斗！"

辛勤的汗水
每一滴都蕴含逐梦的顽强奋争

生命是一场不屈不挠的跋涉远征。幸福和痛苦，都是人生财富；希望和彷徨，也都是人生畅想；欢乐和忧伤，更是人生气象。

辛勤的汗水，每一滴都蕴含生活的顽强奋争；苦涩的泪水，每一滴都折射出生命的纯真挚诚。

生命不息，逐梦不止。磨砺心灵，贵在圆梦。平坦和顺达能够让自己升华，坎坷和厄运能够让自己沉静，失去和获得能够帮助我们找回自我！

持之以恒忘我奋斗
担当让人永不消沉梦想成真

只有奋斗的一生才称得上幸福的一生！

大海不缺一瓢水，森林不缺一棵树，单位不缺一个人！

但是，一个家族：缺不了一个扬眉吐气的人，缺不了一个让家人过上美好生活的人，缺不了一个为了圆梦造福家人而持之以恒忘我奋斗的人！

人的一生是很累的，因为以前不累，现在不累，今后就会更累；人的一生是很苦的，因为以前不苦，现在不苦，今后就会更苦。正所谓，少壮不累，老来遭罪；少壮吃苦，老来享福！

很少有人在意别人的落魄，也很少有人在意别人的消沉，更很少有人在意别人的孤独寂寞。但是，每一个人都会景仰别人的成真梦想与辉煌荣光。

人生没有光阴可浪费
迎着太阳的光辉 向着光明奋飞

　　人活得其实都挺累，"残酷无情"的竞争社会＋"急功近利"的现实人类＋"百般包装"的各色虚伪＋"无以言表"的烦恼受罪！

　　有的人能够倒头便睡，有的人却是以泪洗面，有的人借酒麻醉，有的人心力交瘁！

　　人间的对错是非，世上的荣辱功罪，心底的意冷心灰都得正视面对，都要体会各种滋味！

　　人生没有光阴可浪费，更没有时间自讨累赘！别去惹是生非，别去搬弄是非；别去自寻苦累，别去自找倒霉！

　　人生就应该迎着太阳的光辉，向着光明奋飞！

立足当前立意高远
坚定信念躬身实践

生活就像一壶老酒，珍藏的时间越长越芳醇；生活就像一首老歌，传唱的时间越长越动心。

人生注定要经历许许多多的苦辣酸甜。人生，原本就是砥砺磨炼。

总有一片属于自己的天空，让你学会自由翱翔；总有一个属于自己的角落，让你学会淡化遗忘；总有一方属于自己的空间，让你学会茁壮成长。

不必在意有没有人欣赏，不要在乎自己的努力有没有收效，只要沉下心沉住气，站稳脚跟站准立场，立足当前立意高远，历史终将不负你的坚定信念和你的躬身实践！

人生重在自我历练
淡定从容自强达观

用温和笑脸去温暖改善外界，别让外界冷却改变了笑脸。

用真诚友善去对待别人，别让虚情假意欺骗了自己和别人。

用奋力拼搏去创造改造生活，别让好吃懒做糟蹋祸害了生活。

人生最美好的风景，就是善良的心灵和淡定从容、理智清醒；人生最坚固的靠山，就是坚定的信念和自信自强、达观乐观。

第二卷

感恩人生

GAN'EN RENSHENG

彼此接纳分享
感恩每个相遇

我们都有缺点，所以彼此包容一点。

我们都有优点，所以彼此欣赏一点。

我们都有个性，所以彼此谦让一点。

我们都有差异，所以彼此接纳一点。

我们都有伤心，所以彼此安慰一点。

我们都有快乐，所以彼此分享一点。

茫茫人海，因为我们有缘相识，人生很短……所以要珍惜、感恩每一个生命中的朋友！

回家 是人世间最美好的旅行

人生感悟

RENSHENG GANWU

回家，是人世间最美好的旅行。

终究会有一天，你就能发现，大千世界万水千山、风景名胜，都比不上咱老家的山山水水沟沟壑壑；酒店餐馆里再鲜美的山珍海味，也比不过老妈的味道——家常菜和小米粥；外面的高楼大厦富丽堂皇，怎么能比得上家里的一间陋室温馨欢畅！

家，是每一个游子心底最温柔的地方。

回到家，我们才能真的卸下包袱、卸下疲惫，做好再出发的准备，本本真真、舒舒服服地做我们自己，知道自己到底是谁。

每当你踏上家乡的热土，每当亲人老远就向你招手挥舞，那一时、那一刻，你的由衷幸福定然铭心刻骨。

丰收的硕果必有汗水点缀
奋进的步履终将快乐相随

抖落一整年的劳累，有丰收硕果也有辛勤汗水。

掌声和鲜花虽然甜美，进步的脚步却更是可贵。

淡淡的牵挂总在相随，变迁的过往不可追。

今天除夕日夜，共享天伦之乐，付出爱和快乐，一切幸福都来会合！新一年这一切，再出发有开心有快乐，因为有你和我！

人生就是自己主创的剧目
需要平常心冷静眼热心肠

人生就是自己主创的剧目，本该是悲欢交织、喜忧叠加、离合相伴。

人生本来该有悲剧才算是真正的人生，但必须是喜剧结尾，而不是悲剧或者闹剧收场。

人生只有喜剧既不可能，也不完整。

人若想刻意逃避悲剧，甚至把它挥笔抹去，不仅不能抚平内心创伤的痕迹，反而让人生更加索然寡趣。

所以无论站在前台或者后台，不管身处舞台中央或者边角，面对胜利殊荣，面对失败贬低，都要用一颗平常心对待，都要用一双冷静眼看待，都要用一腔热心肠等待！

人生要格外珍惜机缘
又要真正做到随遇而安

　　人生的原汁原味是清心寡欢，对待生活，只要自己不复杂，一般都不会把生活搞砸了；人生的题中应有之义是心旷神怡，对待生活，不求雍容华贵，只要平淡不惊就足矣；人生的过往经历，山一程，水一程，平一程，坡一程。对待时光，既没有谁能留住岁月朝夕和花开花落，也没有谁会知道：一抹斜阳，究竟是为了谁而流连；一道风景，又是特意为了谁而忘返。

　　人生要格外珍惜机缘，又要真正做到随遇而安。

眼睛是一把尺 心灵是一杆秤
衡量别人先衡量自己

　　只有做最好的自己，才能碰见最好的知己。

　　眼睛是一把尺子，考察别人先要考察自己；心灵是一杆公平秤，衡量别人也在衡量自己。

　　心中有崇高品德，才是大慈大悲；口中有高尚道德，才是尽善尽美。

　　看一个人的涵养要看度量，看宽容；看一个人的修为要看尊重，看包容。

　　目中有人，才有大道直行；心中有爱，才有大事所从。懂得感恩的人，人生路上越走越从容。

遇事时泰然
得意时淡然

成长过程是一个不断尝试并最终获得智慧的过程。

事在人为是一种积极的人生态度；

顺其自然是一种达观的生存之道；

水到渠成是一种高超的入世智慧；

淡泊宁静是一种超脱的生活态度。

无事时，澄然；

遇事时，泰然；

做事时，断然。

失意时，安然；

有意时，决然；

得意时，淡然。

人该热情热情，该冷淡冷淡；对你好的人，加倍珍惜，要念人家的好；把你冷了的人，趁早远离，但也不必记人家的仇。

别惯坏了得寸进尺的人，把你的付出当成理所当然；别纵容了不知感恩的心，把好心的你当成傻蛋。

诸事以诚相待
善良成就未来

砍断别人的腿，你不一定走得更快！

很多人有个误区，总以为挤垮了谁，超越了谁，整死了谁，就是成功！

一个真正的强者，不是看他摆平了多少人，而是看他帮助了多少人，服务了多少人，凝聚了多少人，影响了多少人，成就了多少人！

未来世界，一定不会属于一群尔虞我诈的人，而是属于一群善良、共享、快乐，拥有正能量，帮助别人、以诚相待、懂得感恩的人！记住：善良，会成就你的未来。

一切美好的回报
源自一颗感恩的心

人生印证了"得失守恒定律"：不感恩的人，就不能顺利前行；不担责的人，就不能健康成长；不付出的人，就不能收获成功；不仁爱的人，就不能得到别人爱护。

人生得失守恒定律，似乎可以用几个等式诠释：感恩＝顺心，责任＝信心，付出＝关心，仁爱＝开心。依此类推，希望自己好运，就祝福别人好运；希望获得尊重，就去尊重别人！一切美好的回报，都是因为有一颗感恩的心。

人生感悟

RENSHENG ganwu

第三卷

积极人生

JIJI RENSHENG

人生感悟

RénSHēng gǎnwù

时间周而复始
找不回的是五彩斑斓的童年

时间仍旧周而复始地匀速奔跑，带来了无数人感慨的天荒地老，带走了无数人感怀的欢笑烦恼。

时间不以人的意志停歇返转，不知道从何年何月何日何时开始，过年，不再是一种苦苦渴望与默默企盼，反而已经沦为一种家家劳累和户户负担。

时间总是一个节奏流淌……年年还在歌唱，难忘今宵；人人还在守望，却再难找到儿时的心旷神怡。

时间改变不了的是斗转星移的四季变迁，抗拒不了的是生老病死的人生演变。

时间常让往事再现眼前，忘不掉的是铭心刻骨的瞬间，找不回的是五彩斑斓的童年。

做更好的自己
努力朝着光明与自由的方向生长

生命中的每一次烦恼和困扰，昭示的都是我们自身的缺陷与不足：

要么是认知的偏颇、狭隘；

要么是意念的固执、迷惑；

要么是思维的僵化、闭锁；

要么是胸襟的窄小、局促；

要么是人性中的自私与贪婪、骄矜与软弱；

要么是心理上的消极与不安、匮乏与残缺。

这让我们无法自在地享受自然的馈赠予生命的快乐。

所以，只要一息尚存，就要努力成为更好的自己，努力朝着光明与自由的方向生长：

"我永远没有长大，但我始终都在生长。"

执着坚持
人生需要边行走边疗伤

　　人总不能因噎废食，总不能因为摔跤不再走路，总不能因被人出卖就不交友，总不能因一次失恋就不再爱恋，总不能因失败而气馁。

　　每个人都在负重前行，每个人都不轻松，每个人都会有累的时候，没人有空暇、有余力再为你承担所有伤悲，他们或许也在忙着边行走、边疗伤，其实你也是一样。

　　所以，我们不管干什么，都不能急于求成，更不要急于索要回报，因为播种和收获从来就不在同一时刻，间隔着的那段光阴，我们叫它：执着坚持，执着就能恪守，坚持就是胜利！

历经坎坷不灰心
迎接你的必是柳暗花明的美丽春色

无论在什么境遇之中，都不要丧失对生活的积极态度。

要把对生活的热情投射到具体的事物中，善于在忙乱的步调中找到属于自己的乐趣。

即使暂时遭遇严重挫折，正在经历艰难坎坷，依然要保持不灰心丧气、不停滞进取的豪情和气魄。

那么迎接你的必将是柳暗花明的美丽春色，收获的必然有激动人心的成功喜悦！

远离身边的负能量
拨开遮挡迎接朝阳

人的层次不是由社会阶层和拥有财富决定的，也不是由所在地域和出生背景决定的。决定一个人层次的是他们的品行、学识、经验、阅历、眼界、价值观、格局、支配时间的方式以及人生的趣味。

要下决心远离你身边的负能量场，远离你身边那些低层次的"生活圈""生意圈""生事圈"。

努力做好自己，全力追求更高层次的生活，构建自己的正能量场，永远保持亲和温暖及向善向上的姿态！

路途坎坷仍满怀期待
更是一种年轻的心态

所谓年轻，不光是年龄，更是一种生活心态。

对世界充满好奇，对人生满怀期待！

明白路途坎坷艰难，但是仍然一往无前，这便是年轻的表现！

今天的你可以一无所有，唯一不能没有的是对生活的激情和对未来的希望。

理想之路上一个个脚印
就像水滴 终会穿石

　　山不却垒土之功，故能成其高；海不避涓涓细流，故能成其阔。

　　世界上从来就没有一步登天的神话，有的只是日积月累、滴水穿石，没有什么能够打败一个永不言弃的人。

　　只要方向足够明确，信念足够坚定，我们就一定会一步步走向成功！

生命中的遇见
都是必经路上的风景

岁月告诉我：生命中的遇见，都是一种注定。

有些人是用来成长的，

有些人是用来鞭策的，

有些人是用来陪伴的，

有些人是同甘共苦的，

有些人是用来忘记的，

有些人是刻骨铭心的。

不管你多么优秀，总有人会对你不屑一顾；

不管你多么平庸，总有人视你为亲密朋友！

快乐是一种心境
成功者快乐的源泉是自信

抱怨是一种习惯，停止抱怨其实很简单，只需换一种看待世界的眼光。

快乐是一种心境，与事情本身无关，取决于你对待人生的态度！

抱怨解决不了任何问题，却只能让我们的心情变得更加恶劣，让自己的生活增忧添堵。

成功者总是借助愉悦的心情迎接和谐快乐！他相信凭借自己的意志和力量完全可以改变环境,而不是怨天尤人、厌恶世界！

积跬步至千里
想成大海必先纳溪流

常有人会焦虑惆怅：别人都已成功，为何我还原地踏步，甚至不进还退？

他只看到了别人的成功辉煌，却忽略了人家背后付出的辛勤汗水。

过度的比较，会让自己迷失航程、丧失力量；一味地奔跑，犹如"盲人骑瞎马"，容易看不清方向。

想至千里，先积跬步；想成大海，先纳溪流。

每天回头看看，和昨天的自己比一比，是否进步了一点点呢？

与其患得患失、犹豫彷徨，不如主动反思自己、见贤思齐，不妨迈开大步奔向前方。

临渊羡鱼不如退而结网
怀揣希望追逐梦想

人生历程中时时都是机遇，人生舞台上处处都有精彩。与其羡慕别人的作为，不如演好自己的角色。

即使没有蓝天的深邃高远，也可以有白云的飘逸净洁；即使没有大海的浩瀚壮阔，也可以有小溪的恬静优雅。

怀揣希望，逐梦前行，你就是自己命运的主宰、人生的主角。

肯为别人撑伞挡雨
是一生最大的积蓄

人人自带磁场，人与人之间的相互吸引，既不全是颜值，也不仅是才气，更不单是富裕，而主要是传递给对方的诚信和踏实，并且是相互传感的正能量、精气神和安全感。

人生免不了要经历风雨，谁都有没带伞的时候。肯为别人撑伞挡雨，是一生最大的积蓄，人生在世不是游戏，更多的是共赢互益！

人世间最美的风景
就是自己那颗善良的心

人世间最美的风景，就是自己那颗善良的心，飘逸着奔放的热情，散发着优雅的磁性，到哪儿都洋溢着温馨，都放射着光明，正能量充盈，正气正心正言正行，没必要羡慕别人，自己就是一道亮丽的风景！

时间是沃土 你播下勤奋拼搏
就会收获磅礴能量提升自我

　　做人要力求特别简单，不奢望突如其来的好运连连，管理好自己的时间，珍惜每个当下眼前，及时尽心，该来的机遇总会来找你；及时尽力，该来的实绩总会属于你；及时尽孝，该来的福分总会回报你。

　　人生过往了就不要回头，未来的千万不要将就。时间是最伟大的力量，你拿出了多少时间精力成本去奋发向上超越自我，你就能从中得到多少相应的磅礴能量提升自我！

怀揣着明天的希望
每一个日子 就会更坚强

路再遥远，也有尽头；苦再深重，也会结束。

人只要怀揣着明天的希望，每一个日子，就会更坚强。

人只要在平凡中追求着不平淡，每一天，都会笑得更灿烂。

人只要坚持而不放弃，每一段经历，都将赢得胜利。

人生每往前走一步
都是一个新起点

人生每往前走一步，都是一个新起点，每一个结局都是一个新开端。

回顾人生历程你就会发现，生命的轨迹好像是一个圆，终点重叠也连接着起点。

人生不要贪婪，否则，得到了，心里也还是感到不满甚至遗憾生怨；生活不要过度敬畏，否则，既缺少欣慰又增加累赘。

与善人行融芝兰之香
与恶者往染咸鱼之味

人进步的最好方法，就是去接近那些充满正能量的人！

常和成功的人在一起，就能获得成功；

常和快乐的人在一起，就能分享快乐；

常和诚信的人在一起，就能恪守诚信；

常和幸福的人在一起，就会感到幸福；

常和感恩的人在一起，运气就会更好！

跟什么人在一起很重要，关乎你的盛衰成败，影响你的喜怒哀乐，决定你的人生福报。

人生感悟

RÉN SHÉNG gǎnwù

第四卷

透视人生

TOUSHI RENSHENG

人生感悟

RENSHENG ganwu

人生 要经得起磨砺

生活的艰辛困苦，命运的坎坷波折，其实都是上苍给予我们的可贵财富。

人生，要经得起磨砺，挺得起脊梁，担得起责任，吃得起苦头，只有咀嚼出苦味儿，你才会知道生命的滋味儿。

不是人意气风发的时候，也非人富贵尊享的时候，而是在人尝遍人间苦味、踏遍人间泥泞、看遍人间悲欢的时候。

当这一切都坦然平静地走过，你就会突然发现，这样的人生才是完整无缺的，才是修行道路上最值得追忆回味的、最值得留念的灿烂风景。

人生必须配备的几副眼镜

人生必须配备的几副眼镜：

一是望远镜，看远；

二是显微镜，看细；

三是放大镜，看透；

四是太阳镜，看淡；

五是肠胃镜，看变；

六是哈哈镜，笑看人生。

静以修身俭以养德
成熟方知山不言自高

有的人不自强，就需要靠依附他人来获得安全感。

有的人不善良，就需要靠贬低他人来获得优越感。

有的人不自信，就需要靠哗众取宠来获得存在感。

有的人不自重，就需要靠轻贱卖萌来获得自豪感！

凡此种种都是因为他们不够成熟。

信赖 是生命中最美的遇见

世上最不缺的就是聪明人，总有一天你会明白，善良比聪明更难做到。聪明可以是一种天赋，也可以是一种学习得来的技能，但善良则是一种选择。可是，并不是每个人都勇于做出这种选择。

每个人的性格中，都有某些无法让人接受的部分，再完美的人也是一样。

所以，不要苛求于人，也不要埋怨自己。生命中最好的事情就是：找到那个知道你所有的错误和缺点，却依然认为你是非常棒的，最可信赖的人。

苦是如叶漂泊
转弯依然割舍

人生如河，苦是转弯，是深沉思量和郑重抉择，得到和失去，拿得起和放得下。我们需要果断放弃、坚决遗忘和毅然割舍。

人生如叶，苦是漂泊，或许飘零的心绪，从未触碰到可以依靠的岸坡。苦苦追寻和默默承受，留下了孤寂情怀和花开花落。

人生如戏，苦是相遇，是变化无常的人生之旅，留下万千感念或者擦肩而过，分道扬镳抑或相濡以沫。人生若只如初见的萍水相逢，哪还有峥嵘岁月的纷繁壮烈？

人生好运从哪儿来?

人生好运从哪儿来?

从好心地来;

从好心胸来;

从好心情来;

从好心境来;

从好心志来;

从好心术来;

从好性格来;

从好行为来;

从好脾气来;

从好言语来;

从好习惯来;

从好关系来!

不为防范他人而丧失做人的乐趣与率真;不为取悦他人而丢掉做人的风骨与品格;不为名缰利锁而刻意去矫揉造作与违心。

做人做事应力戒清高傲气,但要力求清风傲骨。仰不愧天,俯不怍人!

思路一出
结局已定八九

思路决定出路，

出路决定前途。

格局决定布局，

布局决定结局！

人生这张船票
享受旅途才能收获风光

人生这张船票，就是让我们好好享受人生旅途。

享受人生是对生命的尊重，是对大自然恩赐的回报。

会享受人生的人，一定是懂得感动和健康快乐的人。

享受平淡中醉人的点点滴滴，收获人生的真挚，品读生命的真谛，感悟人生春华秋实、云卷云舒。

水清澈皆因懂沉淀
心通透皆因明取舍

水的清澈，并非因为它不含杂质，而是在于懂得沉淀；心的通透，不是因为没有杂念，而是在于明白取舍。

小合作就要放下态度，彼此尊重；大合作就要放下利益，彼此平衡；一辈子的合作就要放下性格，彼此成就。

一味索取，不懂付出；一味任性，不知让步，到最后必然输得精光。

共同成长，才是生存之道。工作如此，爱情如此，婚姻如此，友谊如此，事业亦如此。

未来与智者为伍
与良善者同行

做人，不一定要风风光光，但一定要堂堂正正。处事，不一定要尽善尽美，但一定要问心无愧。以真诚的心，对待身边的每一个人。

未来，不是穷人的天下，也不是富人的天下，而是一群志同道合、敢为人先、正直、正念、正能量人的天下。

所以，要与智者为伍，要与良善者同行。

用心点亮岁月
一辈子沐浴阳光神采飞扬

岁月告诉我们：

有一颗宽容的心，你会健康一辈子；

有一颗包容的心，你会快乐一辈子；

有一颗善良的心，你会无悔一辈子；

有一颗同情的心，你会平安一辈子；

有一颗童年的心，你会年轻一辈子。

与俊鸟同飞
让生命绽放智慧之光 灵性之美

一个人若比你优秀，你尽可以放心交往，因为优秀的人散发正能量；

一个人若比你有德行，你尽量与他成为一个团队，因为厚德载物；

一个人若比你有智慧，你尽可安心与他同行，相信智慧能照亮未来；

一个人活得比你有质量，你可用心与他成为知己，生命才有高度与宽度！

不好高骛远，也不卑躬屈膝，结有情之人，办有义之事，以无愧之心，行天下之事，坦坦荡荡，心自安稳，心平气和，向上向善，加油扬帆！

传递并接收善意
改写人生轨迹

成功离不开贵人相助，

生命中的贵人，

不一定是最好的友人，

也不一定是自己的家人，

而是有正能量有眼光的人。

他也许给你一条新讯息，

也许只是一个善意指引，

就会改写了你人生轨迹。

机会都是从相信开始的，

德行天下才能厚德载物。

最大的人格魅力
是有一颗阳光般的心

人生的最高境界，是要拥有一种淡泊宁静的心态。

最大的人格魅力，是有一颗阳光般的心。

得失无忧，去留无意，荣辱不惊，从容淡定，随缘不变，随遇而安，心无杂念，不染尘埃。

宽以待人，与人为善，严以律己，助人为乐，懂得感恩，懂得包容，简单做人，洒脱自在，善待他人，快乐自己。

时光匆匆，人生没有折返的路，我们将曾经的美好定格成回忆，也要学着和过去的自己告别。

舍掉不用的东西，舍掉他人的影子，舍掉无谓的人脉，舍掉冲动购物，舍掉一成不变的日子。

心态 决定心境
行动 决定命运

生存在"红尘"纷争，

却不为得失失衡；

尽力于"世俗"拼争，

懂得了释怀弃宠；

走一路漫长人生，

去淡看冷热风景；

蔑视着一切虚名，

笑傲于"江湖"之中。

行走在初心征程，

无悔了盛世今生。

心态，决定心境；

行动，决定命运。

腹中天地宽
胸怀是最精彩的舞台

　　一个人的胸怀决定了他人生的高度，就如同境界决定眼界。

　　一个人立身处世，拥有什么样的胸怀，直接决定了其拥有什么样的人生，就如同度量决定能量。

　　心胸有多大，世界就有多大。如果不能打碎心中的壁垒，即使给你整个世界，你也找不到自由的感觉，就如同胸怀决定舞台。

　　一个人只有最大限度地扩大自己的胸怀，才能比别人看到更多更精彩的事物，收获更多的美丽。

　　精神决定精彩！

懂得进退方能成就人生

　　人生中出现的一切都不是绝对拥有，只能算作经历，人生的路，就在脚下，靠的就是自己一步步去行走。

　　我们不要去羡慕别人所拥有的幸福，你以为自己没有的，可能就在来的路上，可能正在去的途中。

　　懂得进退方能成就人生。一生不长，今天的努力付出将成为明天的收获成果。

一语道破人生

一语道破人生：

人生以金钱为中心，一定活得很困苦。

人生以儿女为中心，一定活得很劳累。

人生以爱情为中心，一定活得很伤悲。

人生以攀比为中心，一定活得很苦闷。

人生以宽容为中心，一定活得很幸福。

人生以知足为中心，一定活得很快乐。

人生以感恩为中心，一定活得很善良。

为人处世之道

做人：对上尊敬，对下不欺，是为礼；

干事：大不糊涂，小不错误，是为智；

对利：正义则取，不义则弃，是为义；

自律：守身如玉，清香远溢，是为廉；

待人：表里如一，以诚相待，是为信；

养心：见贤思齐，敬天爱人，是为仁。

在平静中感受生活的本真
在平淡中提升生活的质量

催人成熟的，是历练；

促人成长的，是磨难；

保人成功的，是奉献；

使人充实的，是忙碌；

让人幸福的，是简单；

供人分享的，是亲善；

令人踏实的，是实干。

生活的本真，是平静；

生活的心态，是平常；

生活的烦恼，是平空；

生活的价值，是平安；

生活的细节，是平凡；

生活的真谛，是平实；

生活的质量，是平淡；

生活的意义，是平衡。

强者未必强势
刚者易折柔则长存

太强势的人未必是真正的强者。

一个聪明人，是懂得如何让自己委曲求全的人。刚者易折损，柔则能长存。

任性是自己最危险的敌人。

人随着年龄的增长，应该学会完善自己的人格个性，控制自己的心理情绪。

虽然这样做有时会比较痛苦，但是，若想成功，就必须记住：成熟与不成熟的区别就在于做事时怎么把握该不该做，而不是取决于琢磨喜不喜欢做。

对过去平淡 对现在惜怜 对未来弥坚
幸福就会敲门打门环

幸福在今天，只是在当前；幸福并没有明天，也没有昨天，它既不怀恋过往，也不向未来奢望。

幸福告诉我，也告诉他和你，千万不要老拿自己的生活和别人的相比，"人比人得死""货比货得扔"。

幸福没有告诉你别人幸福的秘密，其实你并不知道别人究竟经历了什么。

幸福似乎有公理公式可循：［（对过去，要平淡）+（对现在，要惜怜）+（对未来，要弥坚）］。

幸福的考卷从来没有复试，递交出去的答案再也无法改变，过去的就让它过去吧，否则就是跟自己过不去了。

只有立足当前，着眼长远，坚定信念，一往无前，脚踏实地，躬身实践，才能掌控命运，成就明天，拥有未来……

真诚和善良是走进心灵深处的必经之路

人和人平等相待才能处出真情，要彼此尊重，尊重别人才能获得别人尊重，将心比心才能互换真心。

人和人相处要善待每一个遇见，"前世五百次回眸，才换来今世的一次擦肩而过"；要珍惜生活中的每一分情缘，"有缘千里来相会，无缘对面不相识"。

人生在世不管遇到什么人，只有以诚相待，才能走进心灵深处；无论碰到什么事儿，只要与人为善，就能体会善有善报、善始善终。

美丽的外表会打动人，但善诚的内心更能感动人；强势的语气也许能让有的人暂且口服，但善良的行动更会让多数人心悦诚服。

一个人不矫揉造作，不敷衍塞责，不世故庸俗，就算活得真诚；懂得包容海涵，懂得平等尊重，懂得谦恭礼让，就是做得善良。

人成长贵在自知之明
人成功贵在持之以恒

人成长贵在自知之明，人成功贵在持之以恒。

干事要下定决心、保持恒心和富有耐心，这是成事的关键环节，否则，就于事无补，将一事无成。"滴水石穿""铁杵成针"的道理尽人皆知。一旦选定目标，一往直前，才会成功到达理想彼岸。

做人要报以真心、付诸关心和莫负爱心，这是成仁的要义所在；否则，就孤独无友，将孤立无援。"以心交心""将心比心""两好轧一好"的例子不胜枚举。一旦认定对象，一以贯之，就会缔结深情厚谊！

笑纳褒贬付出
无怨阔步向前

人生到底要走多少路，历来都是未知数；人生究竟要受多少苦，从来没有人会告诉。

人生能够知道并做到的，就是沿着自己心中的方向和目标，一步一步向前行走，笑纳一切褒贬，接纳所有好坏，义无反顾地担当，无怨无悔地付出，心甘情愿地承受。

人生都是一段各具千秋的旅游，既看不到尽头，也看不到身后！只要始终捧着一颗善心上路，就会收获开心的追求！人生路上心胸宽阔，脚下的道路就宽阔。

不可改变的去改善
不能承担的就放下

　　人活得太累大多源于八大原因：太看重位子；心想着票子；倒腾着房子；假充着君子；总画着圈子；放不下架子；撕不开面子；眷顾着孩子。

　　人生悲哀有四大表现：能力配不上梦想；收入配不上享用；容貌配不上矫情；见识配不上年龄。

　　人生快乐有四个要素：可以改变的去改变；不可改变的去改善；不能改善的去承担；不能承担的就放下。

把每个当下付诸精彩的努力
未来才会留下最美好的回忆

　　人生就像一盘棋，一旦落子就不能反悔。过去，也许得过许多荣誉，或许经历不少晦气，但都不必太在意。

　　一生中自己唯一能做的，就是走好脚下的每一步，下好眼前的每步棋。把每一个平凡的当下都付诸精彩的努力，才能给未来留下最美好的回忆。

雄鹰没人鼓掌也在展翅翱翔
做事不求理解只求尽心尽力

做人，千万不要指望人人都理解你。

做人做得再好，也未见得人人都喜欢你，你为别人做得再多，也不会人人都说你好。

人人都长着一样的嘴巴，可是就有不一样的说法；人人都长着一样的眼睛，可是就有不一样的看法；人人都长着一样的脑袋，可是就有不一样的想法。

做人一定要明白：雄鹰，没有人鼓掌，也在展翅翱翔；小草，没有人心疼，也在旺盛生长。

做事不需要让别人理解，只需尽心尽力；做人不必讨别人喜欢，只求上不愧天、中不愧人、下不愧地！

懂宽容知体谅
光明磊落心地善

啥叫做人？

宁可吃亏，也不占小便宜。

宁可付出，也不辜负人心。

不会为了金钱，泯灭了自己的良心。

不会为了利益，欺骗了他人的信任。

为人处世：

不管嘴笨还是嘴甜，

心地善良才是本钱！

人活一世：

不管能说还是能干，

光明磊落才是关键！

不伪装，不敷衍，不欺骗，

就是一个人的真！

懂宽容，懂尊重，懂体谅，

就是一个人的善！

做人付真心 做事讲良心
无悔于己 无愧于人

人生感悟

RENSHENG ganwu

一个人丢掉什么，

也不能丢掉真心；

一个人没了什么，

也不能没了良心。

顶天立地做人，无悔于己；

光明磊落做事，无愧于人。

不管何年何月，

自重，才能赢得尊重！

心交心友情才能恪守
心暖心感情才能持久

　　人和人之间的感情，总是双向互动的。互动得热切亲密，感情就像液体沸腾，让人心潮澎湃，可以感天动地；相互得冷若冰霜，感情就像液体的冰点，让人心寒胆战，可以冰冻三尺。

　　这个世界上，没有无缘无故的爱，也没有无缘无故的恨；没有无缘无故的予，也没有无缘无故的取；爱人者人方爱之，福往者方福来；帮人者人帮之，助人者得助力。

　　人爱人，心交心，友情才能恪守；情对情，心暖心，感情才能持久！

生命是零损耗的回声壁
乐善好施更能体会人人助我

人这一辈子，自己是生活的终身制责任主体，一切喜怒哀乐都归因于自己，不管活成啥样，都不要把责任推给别人。

生命是零损耗的回声壁，你越是大公无私、乐于助人、乐善好施、乐此不疲，就越能体会人人为我、人善待我、人人助我。

让自己用心想的事有意思
让自己尽心做的事有意义

人生在世一定要让自己用心想的事有意思，让自己尽力做的事有意义。

人生在世做人一定要堂堂正正、干干净净，挺直腰杆顶天立地；做事一定要规规矩矩、明明白白，利利索索、扎扎实实。

做人做事一定要做到，相信不迷信；服从不盲从；传统不保守；离经不叛道；热情不煽情；果断不武断；仁义不弃义！

善意相待以诚往来
遭遇薄情坦然释怀

人和人相互靠近，有的是表达真情，有的是传递假意。

人和人相互来往，有的是给予温暖，有的是平添心寒。

人和人相互依存，有的是增进信任，有的是损耗互信。

一生中的礼尚往来不计其数、各有千秋，无论你喜欢与否都要坦然接受，然后彻悟个中缘由。

生活中，谁都想多相识重情重义的人，不想遭遇薄情寡义的人。但是，生活的万花筒却从不以人的意志去转移色彩，而常用五彩斑斓的色调来揭示生活的丰富多彩。

不要总循着别人足迹前行
善于另辟蹊径才能遇见桃花源

做人总是揣摩别人的想法，这样的人，生活早晚会犯难；

遇事总想重复别人的办法，事业早晚会搁浅；

赶路总去因循别人的走法，前途早晚会阻断。

这样的人，想运动健身，心想怕累，干脆躺倒不动；想上进提升，心想畏难，于是停止行动。看不清眼前，就放弃长远；得不到名利，就不再努力。

人生丧失了自信、自强、自警、自励、自律，到头来就只有自暴自弃、自我叹息。

规则胜过人情 团队超越个人
用诚信实力敲开人生之门

当一个人明白：规则第一，人情第二时，他已经敲开为人处世最难的一扇门。

当一个人明白：团队第一，个人第二时，他已经参悟团结协作的奥妙，超越自我。

当一个人明白：诚信第一，聪明第二时，他已经晓得人生成功之道在于做人诚实守信，忠诚厚道。

当一个人明白：实力第一，人脉第二时，他已经懂得自己在别人心中的分量取决于自己的能量，自尊自重才会有人对你尊重！

人人都是一部书
你在品读别人 别人也在品读你

　　人人都是一部生动鲜活的图书，每个人都有顺心如意和伤心失意的案例，每个人都有春风得意和灰心丧气的经历，每个人都有独自珍藏和与人分享的故事，每个人都有表现非凡和平淡无奇的日子。

　　书中同样的内容不同的人看，就会看出不同的效果。即使是同一个人在不同时期看同一本书，也会看出不同的感悟。

　　每个人能书写一本好书是幸运，能遇见一本好书是幸会，能写出一本好书是智慧，能得到一本好书是幸福，能保存一本好书是幸庆。

　　茫茫人海，巍巍书山，你在品读着别人，别人也在品读着你；你需要读懂别人，更需要读懂自己！

战胜颓废忍过疲惫
成功和喜悦就会形影相随

叫苦叫累是懒惰懦弱，吃苦吃亏不是弱智低能，而是勇于担当。

苦了累了，因为思想懂了通了；苦了累了，因为担子沉了重了。

面对苦和累如果选择逃避后退，就没有苦累遭罪了。既然选择了追梦面对，就不要伤悲，更不能后悔，战胜了颓废，忍过了疲惫，人生的成功喜悦和幸福快乐就会跟你形影相随！

路再长不止步终能抵达
山再高不停顿终能凌绝顶

　　每个人都有难言之隐，每件事都有无可奈何。不要羡慕别人的春风得意，也不能嘲笑别人的悲惨遭遇。

　　人的一生，有忙忙碌碌的，也有潇潇洒洒的，还有碌碌无为的，甚至有凄凄惨惨的。

　　人和人运气难比，机遇难同，性情各异，姻缘各类……幸与不幸，都是人生；顺与不顺，都是命运。

　　尽心尽力做好事情，全心全意做好自己，就是恪尽职守地经营完整人生。路再长，步履再艰，不止步终能抵达；山再高，登攀再难，不停顿终能凌绝顶！

人生感悟

RenSheng ganwu

第五卷

修心人生

XIUXIN RENSHENG

珍惜当下 守住自己的幸福最为紧要

　　活着，别比钱多钱少，要比心情好不好。有钱的未必脸上有微笑，他的苦恼你不知道；没钱的未必日子过不好，谁的小幸福谁自己心里明了。

　　珍惜当下，守住自己的幸福最为紧要。幸福不需要华丽的外套，也不需要甜言蜜语的装裱。一个不离不弃，一个相濡以沫，有人思念，夜再长，也是短的，有人关怀，天再冷，也是暖的。爱的那个人也在爱你，懂的那个人更加懂你！这就是最大的幸福。

人生本来就没有完美
懂得知足才能体会快乐

房子再大，没有人气，也不是个家；车子再贵，没有平安，也是个白搭；相貌再好，不懂慈悲，也不叫个美。

人生本来就没有完美，所以，我们才追求完美；生活本来就伴随太多的不快乐，所以，我们才追求快乐；追逐中本来就有太多的诱惑，所以，我们才有所迷茫；现实中本来就有太多的虚伪，所以，我们才渴望真诚；总是想追赶别人，我们才感觉不到幸福；因为不懂得知足，我们才体会不到快乐！

人生，不是一场拜金主义的物质盛宴，而是一次理想主义的灵魂修炼；完美只是虚幻的表象，快乐才是追求的理想。

人的锤炼锻造恰似捣磨香料
愈精细愈香飘四溢

上苍不会让所有幸福集中到某个人身上。

得到爱情未必拥有金钱；

拥有金钱未必得到快乐；

得到快乐未必拥有健康；

拥有健康未必一切如愿。

保持知足常乐的心态才是淬炼心智、净化心灵的最佳途径，也是陶冶品性、升华理性的必由之路。

一切快乐的享受都属于精神范畴，源于心理感受，这种快乐把经受当作丰收，将忍受变为享受，是精神对于物质的斩获胜出。

一个人经过不同程度的锤炼锻造，就会获得不同程度的修养提高，取得不同程度的进展收效。这恰似香料，捣得愈碎，磨得愈细，香得愈浓，香飘四溢。

修成"莲花心"

"莲花心"：

开放，天真，通透，圆融；

独立，自在，包容，笃定；

清雅，脱俗，单纯，恬淡；

熙怡，悦色，优美，庄严；

安宁，祥和，慈悲，生善。

人生需要"归零"
每天刷新自己

每过一段时间，都要将过去"清零"，让自己重新开始。

不要让过去成为现在的包袱，轻装上阵才能走得更远。

人的心灵就像一个容器，时间长了，里面难免会有沉渣，要时时清空心灵的沉渣，该放手时就放手，该忘记的要忘记。

心灵最需要净化，每时每刻都要删除心灵的垃圾。

每天刷新自己，就像清晨迎来了旭日东升，这就意味着重获新生。

未来姗姗来迟 过去永远静止
现在用真正的努力珍惜

珍惜现在，走过了就不要后悔；学会淡然，远去了就不去重捡。

至于那些错了的、过去的，更是不必耿耿于怀。对与不对都去了，好与不好都走了，幸与不幸都过了。或许感念，或许伤情，但依然会选择转身离去，渐行渐远。

很多的际遇，就像那窗外的雨，淋过，湿过；散了，远了。在与不在，容不得我们许与不许；来与不来，不取决于我们让或不让。

于是，人生，便总是从告别今天中走向明天。

真正的努力，从来都不需要表演。人们也许会肯定你的过程，承认你的结果，却绝不会认可你对自己的吹嘘。

对自己狠一点，效率高一点，眼光长远点，脑子灵活点，心态平和点，节奏稳健点，做事踏实点，这才是更好点儿！

回看射雕处 千里暮云平
大道直行淡定从容

看到和听到的，经常会令人沮丧，世俗往往强大得可怕，强大到生不出来改变它们的念头。

可是，如果有机会提前了解了自己的人生，知道一辈子也不过只有这几万个日子，不知人们是否还会在意那些世俗希望人特别在意的事情？

愿人在遭遇打击时，记起自己的可贵，抵抗恶意；愿人在深陷迷茫时，坚信自己的坚强，奔向希望！爱你所爱，求你所求，行你所行。行从心动，淡定从容；大道直行，莫问西东。

目标因你喜欢而奖你方法
快乐因你喜欢而给你欢笑

你喜欢快乐，欢笑就越来越多；

你喜欢幸福，温馨就越来越多；

你喜欢目标，方法就越来越多；

你喜欢感恩，顺利就越来越多；

你喜欢拼搏，成功就越来越多；

你喜欢抱怨，烦恼就越来越多；

你喜欢放弃，借口就越来越多；

你喜欢逃避，失败就越来越多！

在得失间汲取人生感悟
给予自己一个明媚的时空

道路并不都是平平坦坦的，总会有坑坑洼洼、沟沟坎坎，甚至荆棘密布、激流险滩。摔跤了，不要哭；从哪儿摔倒了，就从哪儿爬起来，站直一笑，掸掉灰尘，继续飞奔。

应对人生的每一次机遇挑战，正视人生的每一个挫折坎坷，适应人生的每一回升降起伏，汲取人生的每一场胜败荣辱，记住人生的每一个得失感悟。

务必给予自己一个最美好的心情，保持自己的心理平衡，调整好自己的精神状态，不求于一劳永逸，不急于立竿见影，着手于持续发力，立足于久久为功，就算摔了再大的跟头，也一样能拥有明媚的时空。

世上没有任何理由
可以让人生不去奋斗便来享受

人生短短几个秋，等你终老时，一切归尘土，什么都是生不带来死不带走。

人生最珍贵的时候，应该就有：天真的童年——富于幻想，激情的青年——富于梦想，享乐的中年——秉承理想，天伦的老年——追忆思想。

人生中自己能完全掌握在手的时候，只有短短的几十个年头。从你记事开头，你就要经历打拼奋斗，而后的路才可能好走。

世上没有任何理由，可以让人生不去奋斗便来享受！

宝剑锋从磨砺出
踏破铁鞋前途终会海阔天空

怒放盛开的鲜花大都经历过风霜雪雨，锋利无比的宝剑都得经过千锤百炼。

在这个世界上，没有谁会一劳永逸，更不能一直安逸轻松；也没有谁可以不劳而获，更不能轻而易举获得成功。

不要畏惧人生旅途山高路远，也不必担忧费尽功夫、踏破铁鞋，要知道好事都需多磨，从来没有"天上掉下馅饼"。

不忘初心，方得始终；砥砺前行，行稳致远，你的前途就会海阔天空。

表里如一知行合一
愉悦别人快乐自己

　　人的性格气质确实与出生月份对应的花卉特质惊人相似！

　　人生如鲜花，花的颜色越浅淡，香味越浓郁；颜色越深重，香味越清淡。

　　人生修养过度看重外表，必然爱慕虚荣，落入俗套；更多注重内涵，才能外化于行，品行高雅。

　　人生一世就是人见人、人处人、人对人。对待别人，盛气凌人、利己损人招怨恨，以诚待人、宽以待人得人心；对待自己，拿不起、放不下最伤神，记不住、忘不了最闹心。

　　人生只有始终表里如一、知行合一，秉持诚挚友善、平和朴实、豁达开朗的气质，才能愉悦别人、快乐自己！

人生顺境和逆境都蕴含励志进取的丰富含义

　　人生之旅不可能一顺百顺，也不会一困百困，更不能一蹶不振，甚至一切都不尽如人意。

　　人生顺境和逆境里都蕴含励志进取、奋发向上的丰富含义。比如，说读书是"寒窗苦"，但是，谁也不要拒绝苦读，因为，那才是进步的坚实可靠阶梯，决定你未来的，不是文凭学历，而是在积极适应不同环境之中积淀的文化和见识。

　　人生格局大或小，决定着一个人一生结局的好或孬。不是因为财产多与少，也不取决于学历低和高，而归因于见识多与少，取决于智慧低和高！

　　人生差别就来自读书，"性相近、习相远"，拉大差距的是人文厚度、人性纯度、人情温度、人品高度、人缘广度。

天道酬勤 取舍有道

在没钱的时候，把勤舍得出去，钱就来了——这叫天道酬勤。

在有钱的时候，把钱舍得出去，人就来了——这叫财散人聚。

当有人的时候，把爱舍弃出去，事业就来了——这叫博爱领众。

当事业成功后，把智慧舍得出去，喜悦就来了——这叫德行天下。

没有舍，就没有得！

切记，世界是圆的，你怎么对别人，别人就怎么对你。

幸福 取决于对不良情绪的克服和开拓心地的宽度

人生幸福，取决于对不良情绪的克服，在于开拓心地的宽度，不要让狭隘冷却了生活的温度。

人生过于在意痛苦，就会把生活变得一塌糊涂，不但陷入酸楚，而且堕入困苦。

人生走什么道路，没必要老去向不快碰触，取舍就在于自己是否生活得舒服。

人生在世一开始剩下的岁月就不长，余下的日子也不多，必须快快乐乐活，开开心心过，千万别想多，就图个心安理得！

人生路上无论善待了谁
都会有温馨在心田流转

人生活在世上，要善待他人，也要善待自己。善待他人，可以让人生走得更暖更远；善待自己，可以让人活得更滋润、更甘甜。

人生路上无论善待了谁，其实都会有温馨在心田流转，都是慈爱在人间扩延，最终结局是施及别人，惠泽自己；我为人人，人人为我。

人生恰似空谷回声
你怎么送出 它就怎么回应

爱人者，人恒爱之；敬人者，人恒敬之。

人生恰似空谷回声，你怎么送出，它就怎么回应；

人生恰似劳作农耕，你怎样播种，你就有怎样收成；

人生恰似相互馈赠，你给予什么，你就得到什么。

生命中因果对应是不差毫厘的，你肯辛勤付出，必定

会有欣喜收获，无须置疑，只是迟早而已。

做人既要有力争上游的勇气
更要有甘愿低调低头的大气

做人抬高自己未必能让别人仰视你；放低自己未必能让别人尊重你。

做人没有完美的公式，无须掩盖自己的缺失；既能抬头，更要能低头。

做人一仰一俯之间，不仅是一个姿势，更是一种姿态。身处逆境时，抬头是一种自信和胆识；身处顺境时低头是一种清醒和低调。

做人做事既要有力争上游的勇气，更要有甘愿低调低头的大气。

人在人上时把别人当人看，人在人下时把自己当人看！

忍是一种大度胸怀
让是一种亲和心态

　　君子忍让小人，让的是真理；好人容让坏人，让的是品德；男人谦让女人，让的是情感；女人恭让男人，让的是疼爱；大人善让孩子，让的是怜宠；小辈敬让长辈，让的是尊重。忍一忍，春暖花开；让一让，柳暗花明；退一退，海阔天空。

　　生活中许许多多的人，不一定非得针锋相对，人生中的许许多多的事，不一定非得据理力争。忍，是一种大度胸怀；让，是一种亲和心态。

助人才能乐己达己
互利方可共赢共享

人生感悟

素质高的人，人抬人，抬来抬去抬高了自己，成就了彼此；

素质一般化的人，人比人，比来比去比出不忿，心生羡慕嫉妒还有恨；

素质低的人，人踩人，踩来踩去踩矮了自己，未必踩矮了别人。

人生路上，多去抬人，少去比人，别去踩人。共事不整人，得势成就人；干事不偷懒，有功推别人；喝酒不耍滑，佳酿分友人！助人才能乐己达己，互利方可共赢共享。

包容是善待他人和自己的精神生活
是蕴含爱的友善仁义的心胸境界

人生最大涵养是包容。它首先是亲善也是慈祥，既不是懦弱也不是忍让，而是常记人好处，赏人长处，助人难处，忌己短处；常察人之难，补人之短，扬人之长，谅人之过。

人生最基本的处世之道是从善如流，见贤思齐，激浊扬清，防微杜渐，爱憎分明；要待人以诚，与人为善，成人之美，学人之长；不嫉人之才，妒人之能，嬉人之缺，嫌人之误。

包容是一种善待自己和善待别人的精神生活；包容是蕴含爱心友善和仁义厚道的心胸境界。

莫为欲望朝思暮想
眼前拥有的最值得心驰神往

　　人的一生最难以想象的是欲望，欲望通常让人如饥似渴、朝思暮想，而一旦如愿以偿，却又索然无趣，甚至失望。

　　人的欲望通常会造就同一种现象，自己明明拥有别人羡慕不已的"宝藏"，却又总在垂涎别人的"私藏"。

　　人生的欲望经历恰似旅游，我们对别人待腻的地方心驰神往，但那个地方却又是别人司空见惯，甚至心烦厌倦的地方。

　　亲历欲望的感悟通常也极其相似，自己眼前所拥有的，才是最值得珍惜的。

跨越陡峭的坡 蹚过奔腾的河
自强不息是人生终身的必修课

任何人活在世上都要承担属于自己的那份苦和那份难，没有谁与生俱来就比别人更快乐和更轻松。

任何人都必须独自穿越漆黑的夜，跨越陡峭的坡，蹚过奔腾的河。只有承受住所有的苦痛，才能活得更潇洒、更从容。

一个人敢于面对难以面对的，就能担当了；承受不能承受的，就能成长了；经历从未经历的，就能懂得了。

自强不息是人生的经历，也是一门终身必修课，人心或多或少都有脆弱，但是，我们每一个人都必须坚强地生活。

烦恼最大的来源是看不透得与失

生活中的烦恼不外乎就是拿不起、放不下，想不开、忘不了，赌不赢、输不得，实际上都取决于自己，跟别人没有什么关系。

生活的烦恼是什么，往往就是找不到想找的，要不到想要的，看不见想看的，得不到想得的，不外乎就是个不遂心、不如意。

生活的烦恼源自动与静的失衡、悲与欢的失调、求与供的失效、善与恶的失范、美与丑的失真、良与莠的失实、公与私的失信，有时人心就好像一间房子，生活中充满着喜怒哀乐和悲欢离合，正能量张扬起来，幸福快乐自来，而且会源源不断；但负面情绪若是经久不散，那烦恼便接踵而来，而且还接二连三！

倒下就是乱石一堆
挺住就是风景一道

站稳了，就是精品一件；

倒下了，就是乱石一堆；

放弃了，就是笑话一桩；

成功了，就是神话一段；

挺住了，就是风景一道！

生活中有很多因素足以把人打倒击垮，但真正打倒打败人的不是别的，而是自己的心态！

人生最大的幸福就是：

有一个健康的身板，在家在外平平安安；

有一颗仁慈的爱心，做人做事坦坦然然；

有一种知足的心态，看道看事快快乐乐；

有一种廉洁的自觉，干净干事轻轻松松！

健康生活，仁慈待人，知足看事，廉洁自律，快乐与你同在！幸福同你相伴！

心境不同 处境便不同

　　人生的进退往返，生活的苦辣酸甜，事业的盛衰成败，为人的亲仇疏远，往往取决于个人的心地、心胸和心态，坚持努力是一种结局，犹疑放弃也是一种结局。

　　人与人拥有不同的心境，往往就有着不同的处境，你欢笑天就是晴朗蔚蓝，你痛哭天就是阴沉昏暗。

　　每个人活着的一生都在学着生活，要想有一个好的生存状态，就必须有一个好的生长姿态，也必须有一个良好的心态。

　　一个人的心态有时决定着人生的成败。每个人的生活记录，都可能是喜忧交织、悲欢叠加；每个人的生活相册，都可能是亮丽风景绵延不断，也可能是不在状态、一蹶不振。许多人或事，经历了，心才会更坚强；很多沟或坎，跨过了，心才会豁达。习惯了沉默，就能用心倾听；习惯了贬损，就能用心笑纳；习惯了回眸，就能用心领悟；习惯了微笑，就能用心包容！

美因简单而飞舞

美妙歌曲简单就流行传普；

美靓家居简单就倍感舒服；

美丽衣着简单就令人瞩目；

美秀手机简单就运用自如；

美甜感情简单就能够牢筑；

美美关系简单就可以巩固；

美纯朋友简单就特别靠谱；

美好生活简单就安稳幸福；

美白心情简单就相互彻悟；

美善思想简单就灌顶醍醐；

美俊男儿简单就亲和好处；

美壮追求简单就长乐知足。

人生感悟

RENSHENG ganwu

第六卷

感悟生活真谛

GANWU SHENGHUO ZHENDI

人生感悟

RENSHENG ganwu

懂得珍惜 便拥有了幸福

人生有一个特殊的词叫珍惜，珍惜有时也是幸福的代名词。

经历饥寒交迫的人，就会懂得珍惜温饱之福；

经历桎梏束缚的人，就会懂得珍惜自由之福；

经历悲伤痛苦的人，就会懂得珍惜快乐之福；

经历丢掉失去的人，就会懂得珍惜拥有之福！

所有疑问都为探究答案
事理在破立之间

所有的事故都有各自的缘由，但所有的缘由之中却有一个共同点：疏忽大意、马马虎虎。

所有的故事都会有一个结局，所有的结局却未必都尽如人愿。

所有的遗弃都是为了给新来的心爱之物腾让位置，但是腾让出来的位置未必严丝合缝。

所有的疑问都是为探究答案，但所有的答案未必都准确无误！

有许多事儿和理儿，来来往往于破立之间，破立并举，彻底的破是为了牢固的立，这才是硬道理！

点点滴滴做好眼前事
不再空想耗时间

　　当今时代，物欲横流、信息爆炸，因此，才有了太多生活在繁华奢侈的浊气中迷航的人，才有了在时间飞逝的洪流里转向的人。

　　这都是司空见惯的现象，也是尽人皆知的常理。因为，人们都太看重投入后的回报，太看重付出后的收获，太看重尽力后的结果。一般人总是想付出十分之一，就收获百分之百；尽力十天，就见效十年；投入一点，就得圆满……

　　与其把宝贵的时间用在空想联翩，莫不如一点点、一件件做实做好眼前跟前、手边身边！

珍惜这一生从珍爱自己做起

珍惜这一生就从珍爱自己做起吧，一次四季轮回就又长了一岁！

人为什么活着？还不是为了"生活"！生活的本意是知足常乐，不怕不富足，就怕不知足。

有人有钱了，精神却空虚了；有人当精神富翁了，却囊中羞涩了；有人地位高了，却听不到真话了……有人啥都有了，心里又腻烦了。

实际上，每个人的生活绝对不可能得到所有的满足！真正的富足，不是口袋里的钱数，而是脑袋里的"知识仓储"和洋溢在脸上的幸福！

风雨中撑伞的人是命运赐予的亮丽风景

人生要让美丽心灵里那道美妙风景，成为一种美好风度，风正行远，宁静致远；

人生要让甜美记忆里那些秀美风景，成为一种壮美境界，豁达大度，怡然自得；

人生要让幸运生命中那个豁朗风景，成为一种幸福睿智，淡定自若，从容不迫。

"每一天，不约而至，是一种心情；每个人，擦肩而过，是一次缘分；每条路，寒来暑往，是一道风景"。风雨中撑伞的人，寒冷中送暖的人，遇见时心动的人，陪伴时感动的人……才是生命历程中一道道亮丽的风景！

明白残酷 坦然感悟 向往如故

正视不尽如人意，理解事与愿违，善待时过境迁。

生活能欢笑，就别寻烦恼；心情能轻松，就别总紧绷。

懂得快乐，也能享受快乐；知道痛苦，但能坦然承受；明白残酷，却能从中感悟。

向往美好，并能追求创造；热爱生活，更会经营生活。那么，一切平凡都能变得非凡，一切心动都能变得让人感动！

幸福的人笑对曲折
用感恩的心收获快乐

幸福不非凡也不复杂，她很平凡也很简单，她不张扬也不显眼，就隐身在看似零零碎碎又平平淡淡的生活中间。

幸福的人，并不是拿到世上最好的宝贝，而是珍惜生命中得到的点点滴滴。

幸福的人，用感恩心态看待生活中的快快乐乐，用乐观心情笑对生活中的曲曲折折。

幸福的人永远幸运，幸运的人永远幸福！

时空穿梭懂得了聚散随缘
光阴荏苒明白了随遇而安

人生百年万天，在历史的长河中不过是一袋烟的时间、一盏茶的瞬间。

往事不堪回首，多少青春不再留，多少情怀不再有，多少志向不再守。

岁月淬炼了心志，光阴历练了才智，年轮锤炼了认识，阅历锻炼了英姿。

时空穿梭懂得了聚散随缘，光阴荏苒明白了随遇而安，岁月蹉跎放下了私心杂念，历经沉浮看淡了花红花落，春秋变换笑望了云开雾散。

生命的天空既有彩虹映衬，也有和风细雨，还有阴霾遮蔽。变幻莫测，却应因果：珍惜能拥有，行善有回报，付出可收获！

心灵简朴平淡过
人生知足多快乐

人生都有遗憾，此事古难全。人人都想一直称心如意，但是，每个人的记忆里却各有各的伤心失意；人人都想对人对己全心全意，而有人回应的却不怎么让你舒心惬意。

其实，这个世界上从来就没有不留遗憾的完美人生，否则就不叫尘世间的人生。所以，只要脚还站在地上，就不能把自己看低了；自己还活在世上，就不要把自己看扁了。

每个人有许多往事，不论你多么刻意追求最终都没有挽留住；每个人都有许多感情，不论你怎么相守，最后仍将割舍走……

人生知足多快乐，心灵简朴就幸福！因为平淡过、快乐活、真心处，人生就最幸福！

明晰自己的人生坐标
人生的经历就会充满欢笑

人生就像一杯清水，纯净而透明。

但是，盛水的杯子虽然只是个装饰，它却决定了你的透视色彩和外观成型。

水无法选择盛它的杯子，但是，我们却有权选择过怎样的人生，我们可以选择向"水"中加"料"，赋予人生酸甜苦辣咸的味道和赤橙黄绿青蓝紫的色调。

我们在"水"中加什么，关键看我们要得到什么，想得到什么，这都是我们的自主抉择，无人施压强迫。因此，只要我们明晰并坚定自己的人生坐标，真正弄明白自己的理性预期和需要，人生的道理就会越来越明了，人生的旅程就会越来越充满欢笑！

一生注定要跋山涉水
就像天空不能总是阳光明媚

人生不要奢望每天都生活得和和美美，也不能指望一年到头都生活得春光明媚。

一生注定要跋山涉水，经历昼夜白黑，付出辛苦劳累，承受喜怒乐悲。

谁的人生记录里没有千辛万苦，谁的求索之路没有艰难险阻，你怕苦、不付出，岂能天上掉馅饼儿，平白无故得幸福？！

人要活得风光，就必须一辈子向善向上；人要活得精彩，就必须一辈子正直正派！

心里阳光 冰霜消融
精神如旭日冉冉东升

人生有顺境，也有逆境。顺境像温馨春风，不是馈赠，而是勉励；逆境如凄凉寒风，不是折磨，而是砥砺。

身临顺境，好运来了，要善于驾驭把握；身处逆境，厄运来了，要勇于正视应对。

不管夜晚是怎样的令人悲痛，清晨照样旭日东升！无论昨晚是如何凄凄惨惨、净巷空城，早晨这座都市仍旧是熙熙攘攘、车水马龙。

不论称心如意或是伤心失意，世界都不会歇脚等你；不管刻骨铭记或是遗忘无余，你什么时候、怎么真切地爱过或是如何切肤地痛过，都是难以忘却又无法割舍的经历。

常常感伤少快乐，耿耿于怀多苦涩。心里阳光，自带正能量；止于至善，消融冰雪霜！

精心把握今天
不过分留恋昨天

不要过分留恋昨天，要精心把握今天，更要乐观前瞻明天。

人生不管多少年，其实，就昨天、今天和明天三天相连。

人生画卷不论是否壮观、有啥收获，其实，都是过去、现在和将来的组合。

一个人心态年轻才能拥有过去的美好回忆，就能拥抱现在的宝贵机遇，也能把握将来的重要契机。

生命不管能延展多少年、有何情结，都是童年、少年、青年、壮年、老年和暮年六大阶段的链接。

个人无论处在哪个阶段，感知怎样的体验，衰老的只是年龄，不老的是永恒时光；衰老的只是身体，不老的是思想光芒；衰老的只是容颜，不老的是心情快乐和心理健康！

属于自己的风景线才会流连忘返

路过的，都是景色；擦肩的，都是过客；驻足心中的，才是情结。

友不贵多，贵在知人、知心、知音、知情；

情不论久，重在心动、心懂、心同、心诚。

属于自己的风景线，才会流连忘返；拥有自己的倾心祝愿，才能为心温暖。缘分万千，顺其自然；将心比心，即可安然；以心换心，才能欣然。

你若阳光 日月亦昭昭

寂寞孤独的人偏爱黑夜，多情善感的人偏爱黄昏，快乐幸福的人偏爱黎明，忧伤郁闷的人偏爱风雨。

人在喧闹嘈杂中必须清醒，纷扰动乱中务必淡定。不管外界如何纷繁复杂，都要用平常心去对待；不论环境怎样不公平，都要用进取心来面对！

天地人自然相通，你若阳光，日月亦昭昭，乾坤必朗朗！

慎思彻悟坚忍成长
演绎人生精彩华章

生命中无论遇到多少酸楚、多少痛苦，在爱的感染下都将止步；生活中不管碰到多少挫折、多少坎坷，福报也罢，灾殃也罢，在爱的世界里仅仅是经过。

执着追求了即使未能实现梦想，炽热去爱了也许不能如愿以偿，竭尽全力努力成长了抑或稀松平常，但只要付出了真情实感，人生便无遗憾……

恰恰是人生中那些失望、惆怅和悲伤，帮我们把柔软的心志磨砺到坚强；让我们把单薄的臂膀锻造得强壮；叫我们把独守内心的寂寞时光积累成希望；教我们把既有的模样锻造得更加漂亮。

慎思彻悟，学习效仿，坚忍成长，我们就能演绎人生华章！

回首来路
洁白的云徜徉在晴朗的天幕

生活的题中应有之义是非常明快的生命活动，她更注重过程，其次才是结果。

生命的壮烈常常体现在对厄运的摆脱；生命的壮阔往往体现在对束缚的冲破；生命的壮丽时时体现在对阴霾的洗礼；生命的壮观处处体现在对困难的攻坚，尤其是攻坚克难后的平坦与灿烂！

这样走，再回首，反观来时的路，既没有艰难困苦，也没有爱恨情仇，有的只是洁白的云雾和晴朗的天幕。自己从来就没有什么忐忑不安，更不会陷入流连辗转。

保重父母恩赐的身体，保养表里如一的心地，保持自强不息的毅力，保护同甘共苦的关系，保证矢志不渝的定力……生命就不再是仅仅活着，而是在朝气蓬勃地生活！

人生很多体验不仅相对且可换位

人生很多体验都是相对而言的，关键是你怎么看。

幸运是相对倒霉的；

甜美是相对苦恼的；

幸福是相对痛苦的；

欣喜是相对悲伤的。

但是，又有几个人在一生中用多少时间想过：它们不仅是相对的，而且一旦心态变化了，它们又可能是换位的。

幸运不是天上掉馅饼砸谁脑袋上，不过是对以前付出的累积回馈，你不懈努力着就能和幸运不期而遇！

甜美都是乐观感悟过来的细节与结果，痛苦都是攀比出来的纠结与别扭，幸福都是珍惜得来的体会与快乐，欣喜都是高兴衍生出来的欣慰与喜悦。

一个人用花朵看世界
世界就在花丛中

人生，既是心情，也是心境，更是心态。

一个人用花朵看世界，世界就在花丛中；

一个人用歪眼看世界，世界就在歪邪中；

一个人用善心看世界，世界就在仁爱中。

生活有悲也有喜，有得也有失，但都不是全部。美丽风景、美好心情、美的心态就是人生最佳状态！

能复制过去的
唯有刻骨铭心的记忆

一条执着走过的道路，就是在记录努力的辛苦，就是在收获一种快乐幸福；一种创伤留下的伤痕，就是在印刻历经的痛苦，就是在催生一种历练成熟。

生命是一次单程旅行，任何人都不能有返程，但是，相遇的都有因果；生活像一场不能回放的绝版电影，时过境迁了就不再有"克隆"重映，相惜的都别错过！

人和事，景和情，非和是，唯一能复制过去的，只有刻骨铭心的记忆。一个人如何为人处世，他的生活画卷就展现什么情趣！

诗意般地生活
沐浴属于自己的雨露阳光

每个人都要诗意般地生活，无论遇见什么，都把它当作对生命的褒奖。

一个人即使不能一直清心寡欲，但是，起码也要能够淡定高雅，无论何时何地，不管顺境逆境，都要发奋努力，把脚下的行程走得有模有样。

一个人选择在阳光下生活，就会感到温暖；在花海里品读，就会感觉妩媚；在晴天下赶路，就会感知灿烂；在月色里畅想，就会感悟诗意。

一个人历尽世事沧桑，径直向上向善生长，时刻守望着心中的那片亮丽景象，在淡泊名利、宁静致远中，就能一直沐浴属于自己的雨露阳光！

一天一轮朝阳
点燃向上希望

一天一念信仰，

扬帆驶向理想；

一天一轮朝阳，

点燃向上希望；

一天一个梦想，

心情快乐安康；

一天一篇华章，

书写不同凡响；

一天一种祈福，

传递心情舒畅；

一天一腔愿望，

催人扬帆起航；

一天一扫沮丧，

远拒痛苦悲伤；

一天一清旧账，

永葆人生清爽！

人生知福就幸福
知足易满足

　　每个人都要好好珍惜这一生，走过了春夏秋冬就又一岁添增！

　　人在生活中，没有不幸福，只有不知福；不怕不满足，就怕不知足。

　　人生知福就幸福，知足易满足！

　　人生最令人羡慕的，不是名利上的积数，而是洋溢在脸上的幸福。

　　人生健康最重要最幸运，其他都是过眼烟云！一个人有健康就有希望，才能自强不息地逐梦在这个世界上！

人人都是人生哲学一本书

人生历程没有弯道超车，家庭生活不必较真原则。累了就听听歌儿，烦了就跑跑步儿，躁了就洗洗脸儿，晕了就拽拽耳朵儿。

爱慕的人儿，人家没爱你，你就先好好爱自己；想做事情没等来机遇，抑或人家没让你做，你就先做好自己的事儿。

人人都是一本人生哲学之书，何必上赶着偏要给别人当书签。即使真难过了，一会儿也就过去了，时间无价之宝贵，岂能白白去浪费？

每日每晨，赠给自己一缕阳光，一整天都笑得灿烂；一生一世，恪守一分自觉坚持，一辈子都攒得殷实！只要坚信自己，生活总会带来惊喜！

静以修身俭以养德
简单是人生的底片

做人要"逢人不急，遇事不恼"，用"随遇而安"酿造芳醇甘甜。

人生今天路遇的风景都是对明天的支撑；记住此岸起点，就不会迷失自己，看准彼岸愿景，就不能迷失方向；令人欣喜若狂的收获，总在砥砺奋进的道路上，而不仅仅是终点站。

正因为谁都有"不完美"之处和"不如意"之事，所以，一个人生活着才叫人生。有一副流传甚广的对联"年轻时因为快乐而简单，老年后因为简单而快乐"。

一个人做人要尽力简单，不可痴迷于幻想，不能茫然于将来，心安理得地走今天道路，过当下生活；不要羡慕奢华，不必雕琢虚修，待人要诚诚实实，做人要朴朴实实，做事要踏踏实实；不要过于吝啬，不要太过固守，要懂得并善于取舍，要学会并乐于付出。

简单是人生的底片。人活一辈子，最重要的并不在于有多少金银财宝、是否腰缠万贯，也不在于多么劳苦功高、多么不同凡响，而是平平安安。

身心平安，家人平安，事业平安，事事平安。"平安是福"，平安多福。

挨过风吹雨打仍自我鼓舞
前方便是坦途

人生难免有沉浮，不可能总是东方日出，也不会永远潦倒困苦。

反反复复有沉有浮，这是对人的磨炼；一直只有沉没有浮，就是对人的折磨。

人与人共处，浮在人家上面时，大可不必"穷人乍富，凸腰凹肚"；沉在人家底下时，不可"悲伤哀愁，捶胸顿足"，更犯不上"丧失人格，甘为家奴"。

人挨过风吹雨打或许会遍体鳞伤、伤痕累累，但是，雨过天晴的一抹斜阳照射，一定能让人苍白憔悴的脸谱增添欣喜快乐！因为，一个人苦心志、劳筋骨、饿体肤之后，仍能毅然站立上路，自我鼓舞，那么，其就能主宰人生沉浮，拥有生活幸福！

累了 别忘把心靠岸

曾经拥有的，不要忘记；已经得到的，更加珍惜；属于自己的，不要放弃；已经失去的，留作回忆；想要得到的，务必努力。

"累了，把心靠岸；选了，就不要后悔；苦了，才懂得满足；痛了，才享受生活；伤了，才明白坚强"。

人生不论是幅什么长卷，不外乎过去的昨天、在过的今天和没过的明天，只要是笑逐颜开就是美好的一天；人生不管有多么丰富的感情，不外乎亲情、友情和爱情，能永远用真情珍惜，就是好心情。

人生每一个场面都是实时在线，每一个场景都是现场直播。只有抓住用好每次出场的机会，人生就能熠熠生辉，头顶的天空才是阳光灿烂！

经历如流
踏斑斓波光坦然放歌

人生不同阶段，都有特定的情结和纠结，只要自己付出努力拼搏，就应该坦然接受形色各异的结果。

我们不能用后来的自己去挑剔当时的自己，把经历定格为悔意，而把最棒的自己沉淀在最美好的时光里。

时间不会止步停留，个人不要徒伤春秋；孤独总会如影随形，要害在于自我把握；遗忘和铭记总是必然孪生，不要善感多愁；感情和绝情都可能难以避免，关键是看自己如何选择；过去的兴衰成败终归存在，不要虚头巴脑、刻意遮掩。

人生不过如此这般，对将来不要畏难，对过去不必沉湎。心安，才能把握生命中的精彩瞬间。

每天拥抱朝阳
让晨光滤尽彷徨

　　人树立了强烈的事业心，也深爱着家人，且具有博爱之心，就要把健康作为第一责任，置于顶层设计，注意休养生息，保持健康身心。

　　人若健康向上，果敢坚强，睿智超群，本领高强……才可信任，可依靠，可重用！因为，对于任何一个人来说，身体健康是"1"，理想梦想思想畅想、创业事业家业学业、亲情爱情友情人情统统都是"0"，"1"在一切都存在，"1"倒了一切都没了！说句极端自私的话：身体健康，钱财才是自己的，房产才能和爱人共享……

会放下 善自助
每天与朝阳同起步

人的一生，要走很长的路程，要看很多的风景，心智会越来越成熟，心情也会越来越放松。

一步一个脚印行走踏实，就不必担忧畏惧人会变老青春流失；每天每日生活自在，并不害怕年龄这个符号变化多快。

人越是长大，越是往前走，越会做减法、能放下，越会甩包袱、善自助。

伴随新的日出，就要迈开新的脚步，怀揣幸福，轻装上路！

岁月 让铭记和放弃飘出温馨旋律

人生本是快乐与痛苦的交响乐，快乐是主旋律，失去什么，都不可失去欢笑；丢弃什么，都不可丢弃快乐。

人生旅途，有许许多多、形形色色的错过，令人痛断肝肠；有许许多多、形形色色的邂逅，叫人念念不忘。

人生一部分梦想，由它引领生命远航，可能会换来一辈子的身心疲惫；一些个寻觅，让它随风而去，未必不是轻松惬意。

一个人要一直向前向善向上，路遇不属于或属于自己的景象，既要学会收藏，也要学会遗忘，更要学会坚强。

悠悠岁月中，不该忘却的就铭记；生生不息中，不该坚持的就放弃！人生，本来就是一场洗礼，虽然要历经风雨，但一路体味着温馨与幸福，才是生命的题中之义与应有情趣。

走过岁月 幸福就是回头 朋友你还在

人生一世，一直在不断地结交朋友，也在不断地淘汰朋友！朋友，有诤友，有挚友，有战友，有亲友，有好友，有昵友……但是，走着走着，志向不相同了，道义不相仿了，方向不相向了，性格不相容了，地位不相等了，言行不相似了……能真正携手走全程的又有几个人？所以，才有"人生得一知己足矣"的千年感叹！

人生在世，在己在友在情在景，现今信息时代"无友则无有"！人生幸得"五知己"足矣——群众中有亲友，同事中有战友，专家中有诤友，领导中有好友，亲人中有挚友……总在一起吃喝玩乐的酒肉朋友顶多是昵友，患难与共、不离不弃的才是知心朋友；天天见面、形影不离的未必是"八拜之交"，坦诚相见、荣辱与共的才是亲朋好友！这跟有钱没钱没有关系，可它与善良、真诚、厚道直接相关！

人生路上不要伤心在乎失去了谁，一定要倾心去珍惜剩下的谁！因为沉淀下来的才是最深沉的……

你若从容不迫
命运才会和颜悦色

人生有高峰也有低谷，如果总在为路窄坎坷而上火，总在为艰难困苦而抱怨，就会把自己搞得消沉落魄。

命运是个典型欺软怕硬的家伙，碰到意志坚毅果敢者就会软弱，碰到懦弱可欺者就会撒野。

只有让自己真正坚不可摧、从容不迫，命运才会俯首称臣、和颜悦色！

人要坚持仰望星空
无视泥泞小坑

人要坚持常仰望星空，不要习惯低头看脚下。

不管生活怎么艰辛，只要保持一颗好奇心，就会找到适合自己的道路和属于自己的成功。

每个人都有自己的世界，每个人都有自己的活法！多数人都是"日出而作，日落不见得休息"，一日三餐、家园单位两点一线，但每个人的内心世界却相差万千。好心情犹如天使，令人身心愉悦；坏情绪就像恶魔，让人备受折磨。

人生旅途有金光大道，也有泥泞小坑；人生历程有如意顺境，也有失意逆境。

人生一直向往光明，时时处处都能喜逢顺境！

昨天是今天的故事

前天是昨天的故事，再深刻也架不住消磨；昨天是今天的故事，再美好也经不住忘却；昨天是前天的延展，再浅显也走不过眼前；今天是昨天的接续，再难熬也耗不过岁月。

常怀一颗从容不迫的心，行走一段山重水复的路。快乐就在"一喜一悦"间，幸福就在"一兴一趣"中！人生既有风起云涌的早晨，也有风和日丽的晌午，还有风光无限的黄昏，更有日落月升的夜晚……

人的一生什么都不如保持一个顺其自然的心境，把握每一个稍纵即逝的瞬间。生命中的盛衰荣辱，全都取决于如何把握天时地利人和。

迎着朝阳前行，总能遇见彩虹；带着微笑前行，总能感悟庆幸。

珍惜人生中的幸遇
释怀命运中的残缺

人的一生对待一些美好的东西，当拥有时，却熟视无睹；而失去的时候，才觉得宝贵！

人在生活中，时常荒废时间，等到了白发苍苍、来日不多，才幡然醒悟青春不再。

人对亲情友情爱情，幸遇了往往也不怎么珍惜，等到错过了才追悔莫及。

人这一辈子对待有些失去，比拥有更刻骨铭心、难以释怀。所以，一定要学会接受命运残缺，一定要保持心平气和。

随时都是开端
从不存在迟缓

我们即使生活平凡而简单，也不要害怕还是未知数的明天，选择自己喜欢干的事情，坚持干到永远，从中收获乐观。什么时候都是开端，从来不存在迟缓。

人生永远没有太晚，只有太懒！

光阴，抓住用足了就是黄金，虚度浪费了就是流星；书籍，阅读理解了就是知识，没翻看过就是废纸；理想，因努力才叫梦想，如果放弃了那只不过是妄想。

努力，虽然未必会有收获；但放弃，肯定一无所获。再宝贵的机遇，也要靠人把握驾驭，而勤奋努力至关紧要。放手去做，付以执着，就必有收获！

带着强大的内心
笑看花开观风景

世界上最苦的不是黄连、苦胆，而是一颗忍辱负重之心；人间最累的不是驴牛骡马，而是一个拼搏进取之人。

不能向别人说出的苦，独自扛；不能当别人流出的泪，自己挡。人在人前，总要强撑笑脸；人在人后，总要忍受心酸。

一个人总是在压抑自己，居然忘却了宣泄情绪；一个人总是带着欢笑面具，居然故意在瞒人骗己；一个人总是披挂上阵，居然忘记了自己也是血肉之躯……人生本应如此：一直带着强大的内心赶路程，一直笑看花开富贵观风景，一直洋溢温情乐不停！

每天给人生一个甜美的笑脸

举世癫狂皆昏，依然能够自省；遭遇高压淫威，依然能够心慰；受到恶人毒言，依然能够不烦。

人世间没有一个人会永远不受毁誉，也没有一个人永远被人赞美。用自己的头和手，去做该做的事；用自己的腿和脚，去走该走的路，让别人去说吧。

一个人面对非议，与其逃避，倒不如坦然面对；与其耳根不静，倒不如清净内心；与其不尽如人意，倒不如一笑了之。

生命苦短，生存维艰，生活挺难，生态杂乱！每一天，一定要给人生一个甜美的笑脸！

别人眼中你有千面
用良知照见自己

　　人生一世，有人赞美你，也有人耻笑你；有人羡慕你，也有人嫉妒你；有人喜欢你，也有人讨厌你；有人仰望你，也有人蔑视你；有人抬举你，也有人踩踏你；有人理解你，也有人误解你；有人呵护你，也有人祸害你。

　　一生做的一切不可能让每个人都满意！千万别为了讨好别人而丢失本真，做人必须有原则！别人嘴里的你，未必是真实的自己。

　　一个人一辈子只管做好自己，对得起良心良知就行，剩下的全都交给公心公论！

用心经营的生活
绽放最绚烂的花朵

　　人生可以用感性热情去经营，也可以用理性智慧去经营；可以用花天酒地去经营，也可以用侠肝义胆去经营；可以用金银财宝去经营，也可以用真心实意去经营。

　　人生从来没有一帆风顺，沟沟坎坎、曲曲折折在所难免。

　　友谊、爱情、健康、平安、家庭、生活、理想、事业，乃至于生命，都需要全心全意呵护，耐心细致经营。

　　用心经营的生活，才能绽放出绚烂多姿的花朵。

红尘之中永携初心
让流年绽放如花

人生是一例苦短的经营！

人生犹如一次目标和路径未知的旅行，有的人生活成了一首壮丽诗篇，月下花前，潇洒美满；有的人生活成了一本厚重书刊，博才多学，丰富内涵。

人的命运是公平的，关键在于用心经营。

人的一生与其说是在寻思寻找幸福，倒不如说是自主自觉经营幸福；红尘之中不忘初心，好好经营自己的人生，就不会愧对流年。

生命本无常，心安即归宿。回首往事之时，那些错写的人生再也不能更改，唯有立志立足当下，悉心经营生活，才不会遗憾余生。

所有的拼搏担当
喜欢是最好的诠释

人，生下来易，生活下去不易，这就是人生的题中应有之义。

人，最难骗的就是自己的心；心，最难受的就是自己的疼。不求自己身价百倍，也不求自己成为名人名家，只求自己的家人衣食无忧，过得安康幸福。

人要主动报喜，只为了让家人开心快乐；人要甘愿藏忧，只是想让家人放心勿念。心中的苦，身上的累，只有在夜深人静之时，只会在一人独处之时，长叹一声嘘，斟上一壶酒，自我安慰，自己消愁，自个加油。

一生常有这样的时候，内心早已兵荒马乱、天翻地覆了，可在别人看来你不过是比平时多了一点点沉默，没人会觉察你反常特别。

仰望而不失自尊
俯视但不要自负

人生路漫漫，道路有窄有宽，有的路很艰难，只有砥砺前行、奋力登攀，才能走到终点，看到它的壮观。

生活中要学着放松、放手、放权、放心，但绝不可以放肆、放荡、放狂、放纵。走上坡路时常仰望，但不失自尊；走下坡路一直俯视，但不要自负！走路必须精神振作，坦然面对所有的经过与结果。

人生原本就是一场非凡之旅，既有平淡无奇，也有过望惊喜。鹰击苍穹，鱼翔浅底，驼走荒野，马骋绿地，这全是坚守自我美丽的精彩演绎，自我美丽出自自觉磨砺；自我美丽根植自强不息！

一个人的自我美丽，自信是气质，恪守是品质。人由内而外美丽，精神世界才美丽。

让自己轻装
人生的风景跃然在路上

人都是社会关系的总和，谁也做不到不顾及别人的存在与感受。

一个人对待面子，起码能自制自理、有弃有取。不能时时为所谓名誉所累，才能活得自在悠哉；不能处处迎合别人，才能活得不委曲求全。

人活得太累，大都因为撕不开面子，放不下架子，抛不开梁子，解不开扣子，挑不起担子，忘不掉位子，舍不了票子，打不开场子……

许多人活得恍惚，都是被自己的"心魔"忽悠的！一个人贵在自己活得怎么样，而不是活给别人看是个啥模样儿！

悦目观赏路遇风景
就会无视摇曳颠簸

人生才一瞬，过往即烟云。

人生旅途中要专心致志观看自己行走的道路，赏心悦目观赏自己路遇的风景，不要居心叵测观察别人如何如何……

人生本过客，何需千千结。

想拥有就去努力追求，竭尽全力过后就不在乎结果收获。成功是艰苦奋斗的回报，失败也属于一种失误受挫的经过。

人生成败得失都得过去，拿功名利禄累自己是大忌。生命这场因人而异的单程旅游，路上遭遇的摇曳颠簸难以预测，但我们都能管控的只有自己的心情。

花落，花还会再开，雨过，天还是晴天！

一步一趋走过的路
脚印最清楚

　　人生必须始终把灿烂的笑容奉献人前，永远把落寞的心痛埋在心间。

　　一步一趋走过的路，留下的脚印自己最清楚；一点一滴做过的事，历经的困苦自己最有数；一以贯之出过的力，画下的轨迹自己最明晰。

　　人走得累不累，自己的脚知道；人撑得难不难，自己的肩知道；人过得好不好，自己的心知道！

人生如舟行大海难免遇险阻
自强不息前行处处皆风景

　　人生是自己生活出来的，选择怎样的生活，决定了怎样安身立命，如何为人处世，就会有怎样的人生。

　　世上没有一个人的生活老是一帆风顺，也没有一个成功者是"常山赵子龙——常胜将军"，从来不遭遇一次失败，不去品尝一次挫折的滋味儿。

　　一个人与其对不如意怨气冲天、怨天怨地，抱怨世界不偏爱自己，境遇不眷顾自己，没有想象的那么美好顺意，倒不如用自强不息和脚踏实地的努力，为幸福幸运不断自觉地付出，积极主动地争取。

　　哪个人坚毅的表情里，不隐藏着一些不能说出的心声；

　　哪个人微笑的面容中，不掩饰着许多不能坦露的心情。

第七卷

品味人性魅力

PINWEI RENXING MEILI

成熟的人 不问过往
豁达的人 不问未来

成熟的人，不问过去；聪明的人，不问现在；豁达的人，不问未来。

曾经拥有的，该忘记的忘记；不该忘记的一定要牢记。

已经得到的，务必要珍惜；应该珍惜的要切忌不在意。

属于自己的，该放弃的放弃；不该放弃绝对不能抛弃。

已经失去的，无论如何都不能再失意，只能留作追忆。

想要得到的，必须权衡利弊；确定争取的，一定努力！

见贤思齐 虚心效仿
努力出类拔萃

人以群分就是人生一景。

想和睿智聪慧的人在一起，自己就得睿智聪慧；想和出类拔萃的人在一起，自己就得出类拔萃。

见贤思齐就是人生大计。

善于发现，愿意欣赏别人的优长，并认真学习，虚心效仿,自己就会成为睿智聪慧的人；善于把握时机抢抓机遇,并善观大势，顺应时势，自己就会成为出类拔萃的人。

但行好事，莫问前程！对待别人的成功比自己获得成功更热情更高兴,看待别人的恢宏胜似自己生命中的彩虹,才能做到学更好的别人，做更好的自己。借别人成功之道,成就和成全自己。

播下一个习惯
收获一种性格

一个人确立什么信念，就会选择什么态度；

一个人选择什么态度，就会做出什么行为；

一个人做出什么行为，就会产生什么结果。

人生要想获得好的结果，必须选择好的信念。

一个人播下一个行动，就会收获一种习惯；

一个人播下一种习惯，就会收获一种性格；

一个人播下一种性格，就会收获一种命运。

人的思想决定言行，言行会变成习惯，习惯会变成性格，性格会决定命运！

淡泊宁静
方能体味生活的馨香

人活着要充满激情、富有梦想；生活要有诗情画意、坚定信仰。

决定现在的是过去的生活态度；决定未来的是现在的拼搏力度。

人生的宝贵机遇来临时，要勇于善于把握；命运厚爱赐予时，要勇于乐于担当。

老是左顾右盼走不快走不远，总是畏首畏尾没作为没收获。

淡泊明志，宁静致远，就能体味生活的芬芳馨香；坚定信仰，志存高远，就能绽放生命的灿烂辉煌！

理智克制 定位处境 自觉修行

别太张扬，别打压别人，有威望有人缘才是明智之道。

居家生活和待人接物都要沉着冷静、理智克制，不可感情用事，不能冲动定事。情绪躁动支配下的言行，十之八九都不可行。

与人共事不能自以为是，凡事自作聪明；不能不把别人当回事，遇事独断专行。

什么时候什么场合都不要以"我"为中心，自封主角，而把别人当作观众，视为配角。人要清楚明白：地球离了谁都照样转动！

人要自觉修行基本素养：自知之明，学会掂量自己的半斤八两，知道自己啥行啥不行，啥处境成，才能不被欲望迷惑心智，才能保持清醒理智！

善良是精神世界最明媚的阳光

善良是人类社会最本真的天性，善良心贵过金！

善良是灵魂深处最美妙的音符，善良是连接和谐社会的纽扣！

善良是表达关爱最通用的语言，善良是人世间完美的成全！

善良是投资和回报最顺畅的渠道，你付出善良，定会获得温暖！

善良是精神世界最明媚的阳光，照到哪里，哪里就闪耀正能量！

善良与品德兼备，犹如宝石之于金属，二者互相衬托，益增光彩！

知恩图报 用勤奋行驶在人生的轨道

人的一生最珍重的是善良，最可贵的是品行；

人的一生最美丽的是心灵，最推崇的是包容；

人的一生最持久的是感恩，最自觉的是回报；

人的一生最坚实的是学习，最踏实的是努力。

勤奋学习一生，搭好人生正确前行的阶梯；知恩图报一生，走好人生正派德行的轨道！

心灵纯洁 才能看见世间最美的风景

　　做人，最重要的是拥有一颗干净的心。不论相貌美丑，不论着装华陋，世间最美是心灵的通透。不分贫富贵贱，不分高低上下，不分前后左右，世间最贵是心地善良。

　　人生身居凡世，却不被世俗污染；眼观红尘，却不让纷乱迷惑；心灵纯洁、眼界宽阔，才能看见世间最美丽的风景，才能跃上世间最崇高的境界。

　　做人心灵清纯，才能互动纯粹的感情；处人心术公正，才能互相赢得认同。德高养人望，也养运气；心善得人助，也得福报！

心存感恩就会感知温馨

心中有恩，就有福；心中有恨，就有苦！

一个人要确信发生的任何事情都有因，会为你助阵！确信已经来到的一切都是最好的安排；确信人生经历的所有情况都关联着自己的夙愿或梦想，或者考验，或者成全。

心存感恩就会感知温馨，才能生长充盈正能量的慧根！无论在生活中遇到什么，都要善于安抚自己的内心。别人想什么，自己无法管控；别人做什么，自己也不能强求。唯一能自己做主的，就是全心全意善待别人，尽心尽力做好自己；一心一意对待亲人，同心勠力干好事情。

按一心向善原则，踏踏实实寻一条正确道路，堂堂正正走过！即便天下人负我，我也不负天下人！坚信：纵使时光负我，人生绝不负我！

心是朗空 宽容如海上飞歌

宽容像歌一首，

时时放射着激情；

宽容像花一朵，

每每散发着芳香；

宽容像雨一场，

次次携带着清新；

宽容像伞一把，

处处遮挡着风雨。

心是朗空，胸似海洋，形如白云，意似流水。隐忍一切不能忍，海阔天空，鱼跃鸟飞；诚让一切不可让，柳暗花明，春光明媚。

用自己的一颗心定格喜怒哀乐

人生的喜怒哀乐，都取决于自己的那颗心。

用善良的心，善待身边的人儿；

用美好的心，鉴赏周边的景儿；

用诚挚的心，诚对相知的友儿；

用担当的心，做好承办的事儿；

用谦逊的心，反省自己的过儿；

用恒久的心，坚持正确的道儿；

用大度的心，海涵小气的鬼儿；

用感恩的心，感念享有的福儿；

用平和的心，面对不平的理儿；

用放松的心，放下难为的情儿。

淡定从容是厚积薄发的注解

改变自我，不但需要强烈的愿望，而且要有坚忍的毅力，还要有足够的力量。

淡定从容的姿态，都是厚积薄发的注解；剔透晶莹的瑰宝，源自千锤百炼的雕琢；色润身圆的珍珠，来自不计其数的打磨。

人生的路绝不是"涅瓦大街"笔直而平坦，跌倒摔跤并不少见；弯路挫败，也在其间。但是，成功的路径并没有因此而改变！成或败的阅历，都会把多姿多彩的人生装点。

浮躁源于肤浅
耐心是修养的积淀

越是深沉的人越沉静，越是肤浅的人越浮躁；

越是坚强的人越柔韧，越是脆弱的人越"愤青"；

越是阳光的人越敞亮，越是昏暗的人越阴森；

越是耐心的人越忍耐，越是着急的人越无奈；

越是率真的人越简洁，越是复杂的人越纠结……

催人未老先衰的不是容颜，正是瞻前顾后的心理负担；令人忧郁痛苦的不是无助，而是作茧自缚的精神包袱！放下了，就没有什么负担；想开了，就不背任何包袱！

做人真诚为先
修心善良为本

常有人待人接物爱玩套路，少见真诚；结果套路被人看穿，人却没人喜欢！

真诚的人，总是招人喜欢，因为真能量真，诚可兑诚。

善能伴远，恶必疏远。因为善是爱恋、呵护、体谅、包容、尊重、关心的集成。

人生风正行远，得赞誉是有情有义品出来的，得情谊是实心实意验出来的，得助力是竭尽全力感应出来的！

人在做，天在看！做人要以真诚为先，修心要以善良为本。人心存善念，生活一生平安！

银汉迢迢
缘是有颗星向你眨着眼睛

每一个人头上都有一片天空，头上都顶着一颗星星！

每一个人都不知道哪一天哪颗星什么时候向你眨眼，哪一天哪片云什么时候降下甘霖！

一个人喜欢和简单、真诚、直接、纯洁的人相处，什么时候都不累！现代生活每一个人都很忙碌，没有哪一个人会心甘情愿浪费光阴，去揣测你复杂的内心。

返璞归真尤可贵，有缘千里来相会！

心宽一寸路宽一丈
海纳百川有容乃大

心宽一寸，路宽一丈。

一个人的宽容心、大度劲儿，取决于一颗良心。

一个人的大雅量、忍耐劲儿，取决于一颗善心。

一个人的深涵养、大气劲儿，取决于一颗诚心。

一个人的高修为、淡定劲儿，取决于一颗恒心。

心宽路就宽！心胸越宽阔，就越能包容人情世故；包容得越多，就越能收获更多快乐幸福！

真诚真实 信步悦人悦己的人生

一个人付出努力是为了什么？几乎都是为了收获和兀生出来的快乐；付出努力还是为了不留追悔莫及的人生遗憾与苦思不解的人生困惑。

一个人未必一味执着于结局兑现于结果，而要善于调整自我，去尽情享受丰富多彩的生活，笑看世俗纷争与乱象过错，淡看私心杂念与叽叽喳喳，身在坎坷颠簸而善于心态平和，面对挫败曲折而微笑人生失得，看惯"后来居上""捷足先登"而仍学鉴思齐、不言放弃，自强不息、完善自我。

一个人活得真实，最为紧要。人的一生有许多变化出乎意料，但"万变不离其宗"的精要，是对人真诚，做事真心，用情真挚。

人生一世，贵在真实！真诚真实，才能悦人悦己。

从容不迫处事
笑容可掬处人

能抵得住诱惑的人，一定是有理想的人；

能耐得住寂寞的人，一定是有思想的人；

能忍得住孤独的人，一定是有梦想的人；

能扛得住委屈的人，一定是有畅想的人；

能受得住痛苦的人，一定是有联想的人；

能经得住荒芜的人，一定是有幻想的人；

能顶得住折磨的人，一定是有冥想的人。

能从容不迫处事、笑容可掬处人、临危不惧处境、机智果敢处置、有条不紊处理的人，肯定是个稳健淡定的人，是睿智超凡的人！

宝剑锋从磨砺出 耐心成就世界上的了不起

世界上很了不起的成就，大多是由耐心堆积而成。

耐心，就要扛得住折磨，经得住诱惑，忍得住孤独，耐得住寂寞。

耐心，不等于外在的磨难，而是内心的修炼。不要总纠结于技不如人，更不能老惆怅着生不逢时；不要自惭形秽，更不能盲目自卑。

如果碰到让别人忽视、耻笑、诽谤和陷害之时，内心千万不要乱了方寸。要相信，除了自己退却可能导致败落，外界根本改变不了什么。

不要轻易羡慕别人，谁都有自己的苦衷；不要放弃输掉自身，谁也代替不了你自己的行动！

律人必先律己
厚德载物不令而为

厚德载物！

人无完人，事无完美。要人做人好，己先做好人；眼是一标尺，看人看人短，己先看缺点；心是一杆秤，称人称轻重，己先称自重。

心有仁德是慈悲，嘴下留情是善良；个人涵养，来自大度包容；个人德行，缘于理解尊重；目中有人才有路，心中有仁才有爱；干中有为才有位，胸中有数才有术。

自个开心快乐，才能幸福生活。

静享沉默时光
赏读辽阔远方

水洁净，不仅是因为没有杂质，也由于能够沉淀。

一个人必须懂得："沉默是一种处世哲学，用得好时，又是一种艺术。"

淡泊名利，宁静致远，正是沉默的力量，也是自现的斑斓。

山从来不炫耀高耸，却不贬低它的齐天耸立；海从来不诠释高深，却不阻止它的百川容纳；地从来不解释深厚，却不影响它的胸怀博大。

智者多沉默，愚者多揣摩，蠢者多啰唆。"在一个安静的位置上，去看世界的热闹"。排除外界纷扰，抛弃自家烦恼；享受沉默时光，赏读辽阔远方，憧憬美丽景象……

驾驭情绪调动身心 追光阴

　　管控自己的情绪并不轻松！

　　一个人为情绪负责，虽说不怎么开心快乐，但是心智增长、心灵生长的最佳选择。

　　一个人改变不了遇到的人和事物，但能够改变自个的态度；也改变不了碰到的境遇和机遇，但能够改变自己的动机。

　　一个人千万不要浪费光阴去怨恨，而要时刻把精神来提振，用积极态度去调动身心，以不息进取去迎接人生长进！

第八卷

探寻事业之道

TANXUN SHIYE ZHIDAO

人生感悟

RENSHENG ganwu

人生旅程崎岖不平
有人一蹶不振 有人热血沸腾 看到不同风景

崎岖不平的路程才是人生征程，它能让有的人坚忍不拔、扬眉吐气，也会使更多人一蹶不振、垂头丧气；

五味杂陈的滋味才是人生体味，它有时让人热血沸腾，更多时却令人心灰意冷；

喜怒哀乐的心情是大千世界的实感真情，它有时让人欣喜异常，但有时却使人黯然神伤；

谁的生活都不会十全十美，谁的人生也不是尽善尽美，但我们每个人一生都在追求真、善、美。

自强不息 才是强者人生本色

如果，感到很辛苦，就告诉自己：容易走的都是下坡路。要坚持住，因为你正在走上坡路，走过去，你就会有进步。

如果，埋怨命运不眷顾，就开导自己：命运不济，只是失败者的借口辩护；幸运至极，这是成功者的谦逊态度。

强者从来都把命运掌握在自己的手中，怨天尤人只是懦夫的一副嘴脸；自强不息，才是强者人生本色。

朋友就算再亲密、再友好，也会有互不理睬、互不关心的时候。不是因为彼此厌烦了对方，也不是喜新厌旧忘却了对方，很可能是因为奔波忙碌没有顾上，还可能是心情不畅不想干扰对方。

相见情已深 未语可知心
岁月蹉跎又奈何

真正的朋友，是"冷漠"之后还依然在你的身边关心你，和你一起打闹一起吵架，许久的邂逅也不会有丝毫的尴尬，还是有说不完的心里话。

时间，带不走真正的友谊；岁月，留不住虚幻的年华。时光荏苒，能体味到缘分嬗变；平淡无语，可感受到人情冷暖。

关心你的人，不管你在或不在，都会挂念；不关心你的人，无论你好或不好，都会漠然。

人生走过一段路，总能有一些参悟；经历一些事，就能看清一些人。

探寻事业之道

Tanxun SHIYE ZHIDAO

所有收获
必有辛勤的耕耘

上苍对每个人都很公平，天上降甘霖，却不会掉馅饼。

世界上，从来就没有不加努力的成绩，也没有不劳而获的收获，更没有不付代价的成功。

一个人一生之中每一个进步、每一分获得、每一次光荣，都是背后不为人知而又一步一个脚印的辛勤耕耘。

过往只是人生的足迹
向前才能遇见人生的瑰丽

　　经过再多的不尽如人意，也只不过是成长的经历。

　　经过再多的不堪回首，那也不过就是生命的记忆。

　　态度支配选择，情怀决定视野，格局影响结局。

　　困境不等于绝境，艰苦不等于痛苦，思虑不等于焦虑。

　　不要因为压力大而低头，也不要因为大失所望而灰心，更不要因为遭遇挫折而止步。

　　咬定青山不放松，矢志不渝定成功！

213

历练方能虚怀若谷
顽强终会走向幸福

人要想拥有比别人优越的境遇，就得付出比别人更多的努力。

人要想获得比别人优秀的业绩，就得花费比别人更多的精力，并且让学习成为提升自己和成就自己的前提。

人要想赢得比别人更多的赞誉，就得处处比别人更加谦虚，始终虚怀若谷，永远见贤思齐。

人要想比别人更为成功，就得自加压力，让驱动前进的内生动力持之以恒。

人对自己要狠心一点儿，时常逼自己一把，把别人做不到的事情做了，把别人做得到的事情做好，把别人做得好的事情做精，这些终将成为你相对别人的比较优势。

自我施压
才能自我超越

　　成功从来不会平白无故降临在谁的头上，走向成功的路上从来不会有人叫你起床！

　　人生历练从来没有人无缘无故地为别人买单，人人需要自强自立自理自律，个个必须自我学习、自食其力、自我服务、自我超越。

　　人才大都是倒逼出来的，为了不被淘汰，才自加压力，奋力挖掘潜力；为了赢得赞赏、获得荣光，才发愤图强，"天天学习，好好向上"！

　　时刻逼迫自己，每天创造奇迹！

品德左右着一个人的生存价值

　　不管自己从事什么职业，都必须专注两件事情：一个是专业化程度高，一个是道德人品好。专业决定了一个人的存在价值，道德人品决定了一个人的人际关系。

　　生活绝对不是眼前的迁就苟且，而是富有诗意的远方。未来有愿景，眼前现光明，个人就年轻。

　　人生要想开心快乐，应该遵循"四不"原则：

　　一是与人相处或者合作共事时不刻意伪装；

　　二是家里家外遇到事情时不过度依赖；

　　三是沟通交流倾听说话时不着急辩解；

　　四是无论何时何地什么情绪表述意见时不故意冒犯。

心中留一片晴空 斗转星移
终是朗朗乾坤

人不能轻易羡慕别人的成功与辉煌，更不能随意嘲笑别人的惨淡与不幸。

人生一世，寿命长短不齐，机遇难以等同，姻缘各个迥异，幸运固然很好，不幸也不必烦恼，因为，这才是自己的人生全貌。

人生做事情要竭尽全力，过日子要全心全意，修身心要自始至终、表里如一，尽最大努力做好自己。

自然界星移斗转是岁月，人世间晨起暮落是日子；生活中忙忙碌碌是快活，社会上亲疏冷暖是交际。世上，没有一蹴而就的功业，也没有一劳永逸的成果，更没有一成不变的法则。愉快时，务必珍惜；不快时，不必在意。不论乌云怎么翻转，前面终究是晴天！

每一个光彩照人的背后
都有一个不懈奋斗的灵魂

不认命，就能去拼命，我始终坚信：付出就有收获，只是或大或小、或迟或早的事，岁月不会辜负拼搏，定会眷顾你的努力。

人世间，每一个光彩照人的背后，都会有一个咬紧牙关不懈奋斗的灵魂！轻而易举就实现的，那绝对不是梦想；轻言放弃便不坚持的，那肯定不是诺言。

一个人要想赢得挑战，必须勇于善于攻坚克难；一个人要想获得成功，必须乐于忠于久久为功！心中有了梦想，人生就充满希望，充沛阳光，充盈正能量！

尽管不能事事如意
但可件件尽心竭力

每个好日子都是今天，今天就不会愁眉苦脸；每个更好的日子都是明天，明天就必然阳光灿烂。

大可不必纠结现有的总也比不上梦想的；没有必要纠缠已经收获的远远都不如自个付出的。

从一定意义上说，怎样对待现在，决定着将拥有怎样的未来。尽管我们不可能先知先觉遥远，但是我们完全可以牢牢把握当前；尽管我们不可能事事称心如意，但是我们却可以件件尽心竭力。

人生的方向目标往往比站位高低更为紧要；人生朝着理想彼岸不停地荡桨摇橹，就能迈出接近圆梦的坚实脚步！

人生目标务实清晰
个人奋斗理智积极

"有为才有位"是常理！但是"有位更有为"也非特例。

一般情况下，身处哪个位置都可以创造人生价值，但并不意味着个人无论在哪个位置都能创造出应有价值。

个人定位往往决定自己作为。搞准定位，选好坐标系才是创造人生价值的前提。

智慧人生是看清个人位置，创造个人应有价值的集成。人生目标务实清晰，个人奋斗理智积极，才能不被世俗诱惑蒙蔽，才能既"顶天立地、厚德载物"，又"有血有肉、重情重义"。

人生付出的努力
无外乎"见笑"或"见效"

世界上努力打拼的人，不外乎两类人：胜利者和失败者！二者的区别就在于对命运转折时的反应不同。

面对困难挑战，迎难而上、积极应对的是胜利者；面对困难挑战，望而却步、消极溃退的是失败者。

二者本质区别就在于在面对责任时是勇敢担责还是懦弱推卸。

这个世界是非常公平的！一个人越是能担当负责，这个世界就越是多给他权责，并且权责会越来越大，整合资源的权力也越来越大；一个人越是懦弱推责，这个世界就会越来越减少乃至不授予他权责，直至把他原来的权责也一起剥夺了！

人生付出的努力，无非两种结果："见笑"或者"见效"。关键是自己要有心理准备和足够定力，成为胜利者不骄不躁，沦为失败者不悲不馁！

自律是通向成功最近的距离

毛主席嗜烟如命，"手执一缕，绵绵不断"，但他知道蒋介石不吸烟后，在西安同蒋谈话的一整天，竟然不抽一支！

因此，预测一个人今后的发展前途潜力，就要看看他对本能欲望的自制力。

一个人若能管控住自己的懒惰散漫和怨天尤人，他就大大缩短了获取成功的距离！

一个人控制不了自己的行为和欲望，那他遭到败绩甚至遭遇悲剧就近在咫尺。一定要学会自制，并且懂得自省自警自律！

求索的路上艳阳高照

上下求索在路上，喜怒哀乐在心上，有悲伤、有欢唱，有惆怅、有希望……

没有那么一个幸运儿，一生，艳阳老高照，清风老温吹；一生，皓月老当空，柳绿伴花红。

谁没有费解之难、难言之痛、堪忧之苦、疲劳之累？只要去面对、去应对，去接受、去担当，生命就会改变模样，生活就会如愿以偿。

人活着就要担责任、尽义务，人活着就该挑重担、做贡献！不是源自执着，而是因为值得！

推陈出新自然之道
优化自身方是最佳定位

　　新陈代谢、新老交替都是自然法则、客观规律！

　　历史和现实反复告诫世人：别管你处在什么位置，最终都要换掉位置。

　　为政之要，唯在得人！成就一番轰轰烈烈的伟业，必须构建和依靠志同道合、担当作为、无私无畏的团队。

　　别惯坏不领情的人，别喂饱不感恩的人。寻找可信任的人，倚重可培养可造就的人，扶植可重用的人！

　　你处在哪个位置，归根结底由你自己决定。未来一定属于共生共荣、共建共享的人！

笑到最后才是最好
不言放弃璀璨自己

一个人羡慕别人成功，抱怨自己平庸，却没看到在你偷懒玩耍时别人的不懈努力、久久为功。

人的一生往往是借口托词和负面情绪阻挡了前行的脚步。保持乐观，放下悲观；积极进取，放下退缩，下真功夫、下实功夫、下深功夫、下苦功夫必然赢得成功！

一个人既可以摧残自己，也可以璀璨自己；既可以摧毁自己，也可以催生自己！只要不言放弃，就会出现奇迹。

一个人成功不一定是优越条件和卓越才能决定的，但是，肯定是坚定意志和顽强奋争作用的。

坚持到底就是胜利，笑到最后才是最好！

人的名声是经历和付出的回响

世界上没有白费的辛苦付出，也没有偶然的成功幸福。其实，一切皆有因果，名声都是回应。

人生没有白走的路，也没有白吃的苦，每跨出一步，都是在为未来和前途铺垫基础。

结结实实地练好每种本领，踏踏实实地迈好每个脚步，扎扎实实地做好每件小事，诚诚实实地付出每分努力，真真实实地对待每分情感，孜孜以求的梦想就一定能殷殷实实地实现！

驰而不息地努力
让生命回归平静与充实

命运从来都是青睐强者，欺辱懦弱。

不懈努力，才是正确人生的硬道理。功名利禄，只不过是努力的副产品、附属物。

驰而不息地努力的真正意义，是要让生命回归平静与充实，自始至终从不虚度年华，从不蹉跎岁月，才能从自然王国直达自由王国。

一个人的开心快乐，缘于亲和；愉悦开怀，缘于懂爱；远见卓识，缘于知识；成熟老练，缘于历练。

一个人一定要用自己喜欢的方式、信奉的原则，活出开窍活法，活出开心快乐！要坚信：好因有好果，拼搏有收获！

前路 因向往而璀璨
因等待而日暮

不去做，就永远不会有结果；不拼搏，就永远不会有收获；不坚信，就永远不会有决心；不奋争，就永远不会有成功。

不向往未来，就只能永远停留在现在。未来，是依靠坚定信念，并把握机遇和不懈努力奋斗出来的。坚信永远比怀疑拥有更多获得成功的机会。

成功数学公式：想法＋方法＋做法＋执行力＋坚持＝成功。

成功哲学原理：失败是成功之母，成功是成功之父！

人生一定要求奋争成功，千万不能输给一个"等"！

第九卷

把握处世哲学

BAWO CHUSHI ZHEXUE

水满则溢莫求全
知足常乐神清气闲

人生享有幸福，是因为心态真好；

人生享有快乐，是因为真不计较；

人生享有满足，是因为真是知足；

人生享有感动，是因为确用真情；

人生享有包容，是因为真有心胸。

亲朋好友不要苛求十全十美，真诚理解就好；生活日子无须大富大贵，平安快乐就好；身材体貌不在苗条妖娆，健健康康就好！

苦乐一念间 画意润心田 诗情返自然

人这辈子不容易，酸甜伴苦辣，悲欢随离合……所以，都要好好过，好好活着，过自己想要的生活。

无须取悦别人，只要自己快乐，能把苦难的人生活出画意诗情，能把寡义薄情的环境活出感恩赤诚。

人生有许许多多等待与无奈、希望与失望、憧憬与彷徨。"苦过了，才真知甜；痛过了，才真懂坚；傻过了，才真会算"。

命运是一粒种子
你耕耘它就赐你硕果

命不好，都是失败者的借口；运气好，总是成功者的谦卑。

失败者老说自己命运不济，内心老是后悔当初没有尽力；成功者总是说自己幸运"走字儿"，心里总是清楚所有付出的艰辛。

命运，本来并不是什么难以琢磨、不可抗拒的神力，而是自己付出的努力种出的苗木、开出的花朵和结出的果实。

人怎样抉择，命运就将如何！人生，越耕耘，越幸运；越付出，越收获。奋发努力是一种生活态度，和年龄并无关系！唯有坚定信心、积极勤奋，人生才能更加幸运……

世上本无事 何须去琢磨
豁达自然洒脱

人生犯难了，就要放下；人生心烦了，别再计较。有时，人刻意琢磨什么，什么就会过来折磨你；人斤斤计较什么，什么就会过来困扰你。

人生要少欲寡欢、平和知足。心情不好，常常是因为想多了；压力过大，往往是欲望太强了。豁达大度了，人自然就潇洒愉悦了；看淡不纠结了，繁简易难也都过去了；宠辱不惊了，胜败得失也就不当回事了。

过去好坏与否，都已成过去；未来胜败能否，毕竟还没有到来；现在不管咋样，都是客观实际，既要乐观面对、乐于接受，更要善待珍惜、善于驾驭。

你若阳光 天必晴朗

世上没有一条纯粹笔直的道路，世间没有一束永不凋谢的鲜花。

个人的能力都是有限的，而每一个人的努力都可以是无限的。

努力做一个心地善良的人，做一个心态阳光的人，做一个心胸宽广的人，做一个心术端正的人，做一个心直口快的人……用阳光照耀自己，也温暖身边人；用善良呵护自己，也关照身边人；用正直要求自己，也影响身边人；用大度对待自己，也宽容身边人。

你若阳光，天必晴朗；你若善良，人必景仰；你若正直，世必正视；你若大度，心必舒服！

言多有失 话多有差 令多有误

人生天地间，本是一经过，大可不必斤斤计较，样样攀比，闷闷不乐。

言多有失，话多有差，令多有误……恨多了，伤己伤人，与其伤心又伤神，不如不再烦恼忧伤。

世上道理争不完，即使争赢了，也会失人心；世上的利益赚不尽，即使赚多了，也会遭质疑。

心大了，再大再难再急的事儿都是小事儿；心小了，再小再易再缓的事儿都是大事儿。

平和，日子才快活；自在，生命才值得！想得太多了，烦恼多；在乎太多了，困扰多；追求太多了，累赘多……

好好珍惜自己，因为你也不知道下辈子是谁；好好珍惜身边人，因为没有下辈子再相会；好好享受生活的快乐，因为人只见证今生，谁也没见过来世！

时间让圣洁的灵魂越发楚楚动人

激动不冲动，行动不盲动，主动不乱动，就会不被动，甚至令人感动！

冲动是魔鬼，它的产品叫"倒霉"！一个人能自制便显高雅，一个人能自控方能成功。

人高雅不是扮装和表演出来的，而是磨砺和锤炼出来的；人恬淡也不是伪装和掩饰出来的，而是沉降和积淀出来的。

时光飞逝，衰老的是颜面，而不是心田！圣洁的灵魂，假以时间只能是越发地楚楚动人！

给别人让度空间
自己的路会更高远

人生感悟

RENSHENG ganwu

　　路，不能一个人独占独行，要和别人并立同行；给别人让度空间，为自己提供方便。

　　利，不能独吞垄断。"利不可赚尽，福不可享尽，势不可用尽"。没有百分之百的自私自利，没有一成不变的势不两立！

　　这个世界是所有人的世界，并不是哪一个人的世界；在所有人的世界生存，所有事都要顾及他人、留有余地。

　　别人有路可走乃至海阔天空，你才不会误入歧途、陷入绝境。

　　以一颗平常心，平凡地生活；守一世善美真，平静地工作。

坚信犹如第一缕阳光
沐浴其中就会青春荡漾

人随着阅历丰富和年龄增长，少壮拼搏进取的劲头似乎逐渐下降，而成人社会的现实妥协日益增长。

于是，随着时间推移，越来越多的人随波逐流，忘记了初心，在"现实一点儿"的借口面前，那份舍生取义大无畏、撞了南墙不回头的勇气也泯灭无迹了。

实际上，一个人的逐梦过程，恰恰是在荒漠之中艰难前行。有人懵懵懂懂、误打误撞，却提前到达了绿洲；有人却曲曲折折、费心费力还没有走出荒芜。

但是，一个人一定要恪守"坚信定律"。只要坚持走下去，不管身处多么漫长的黑夜，你就一定会迎来黎明、走向光明！当沐浴到第一缕阳光，你就会青春荡漾、神采飞扬！

人生 随缘便心安

一片树叶，无论飘落在什么地方都是归宿；一朵鲜花，无论开在哪里都有芳香。人生，随缘便心安理得，自自在在才是安乐。

人活一世，昨天肯定是越来越多，明天必然会越来越少。其实，时间并不是万能的，它没有办法帮助我们彻底解决什么，但是，时间却可以把原先苦思冥想也想不通、千回百转也放不下的事情变换轻重缓急的顺序。

人生最有意义的相遇，是和自己重逢、走进自己心里。那时，自己就会懂得：原来踏破铁鞋、走遍世界，含辛茹苦、笃行彻悟，不是为了别的，只是在寻找一条认识自我、实现自我、超越自我的心路！

我路在我不在足
我福惠我不惠苦

世上多的是过客看客，少的是人杰人情。

一生会结识交往很多人，多数人需要的只不过是补给精神滋养的一道特色菜，而自己的经历，或故事或认识，又恰好能够成为他们闲暇寂寞时的谈资。

人生不要过度把希望寄托于别人，不要指望别人会设身处地理解自己，会全心全意帮助自己，会大发慈悲为自己潸然泪下。

人生可悲的是许多事早已过去，别人都已经忘记，只有你自己却一直牢记，你甚至还觉得别人也和自己一样刻骨铭记，为自己画地为牢甚至自设泥潭，内心总也走不出小圈圈。

人生就应该自主自信自豪：我命由我不由天，我路在我不在足，我福惠我不惠苦！

消极生烦恼
积极遇美好

生活是面镜子，你怎么面对它，它就怎么面对你。

人以积极的心态生活，就会发现许多生活中的美好；人以消极的心态生活，就会遭遇许多生活中的烦恼。

生活的高昂与沮丧，完全取决于个人对生活的态度是否糟糕与健康。

积极乐观，好运连连；消极悲观，厄运纠缠。

勤奋豁达 乐己助人

一个人不论有多大胆识，切记：

乱帮莫入，险境不涉，是非之地别去！

任何人任何时候都不要奢望有谁能把你带出人生一劫，聪明勇敢的人首先不是立足于自我救赎，而是着眼于不去涉足。

一个人一辈子不可能永远都是顺风，因此，都必须修行浴火重生的才能，没有必然的无辜受害者，也没有必然的无条件伤害人。

人生有许多经历后的感悟，会令人牢牢记住：多学一样本领，就多一种生存和助人的技能；多交一个朋友，就多一条自助和帮人的道路……

生命的伟大在于内心的丰富，只有凡事皆用积极的态度、豁达的大度、豪放的气度笑对一切艰难险阻，尽最大可能去结缘，同甘共苦，那么，即使是相见，干戈也会化玉帛，享有幸福必然更幸福！

恬静是日落月升的优雅

人生感悟 *RENSHENG ganwu*

上天总会眷顾善良的人，一切随缘才能活得潇洒自然。

有时失去就是另一种拥有，有时获得不如没有。

占理也不要逼人太甚，逼得人家走投无路，自己未必能赢。

一辈子时间太短，反悔，就等于加速奔向了终年；转身，就好比走完了一生。

最珍贵的还是身边的情感，最珍爱的还是亲情相伴。

别在自己的位置和角度上看别人，要设身处地地换位考量自身。

一天又一天，一年复一年，终极目标是忠诚自我，纯正本真而精简内敛。

心平气和地接受世事的甘苦与圆缺

这个世界，没有一劳永逸、完美无缺的抉择。

谁都不可能同时拥有丽人春花和秋实皓月，不可能同时拥有似锦繁花和累累硕果。

谁都不可能企图所有的好处都属于自个。一定要学会权衡利弊，学会扬弃取舍，学会面对荣辱得失。

一个人只有学会接受世事的甘苦与圆缺，才能真正做到心平气和！

空谈与幻想结金兰 干就快干

　　人与人之间拉近或拉开心理距离，往往不取决于思想力，而在于是否有行动力。

　　机会从来都只会青睐那些向它奔跑着迎来的人。

　　不行动，梦想就是幻想；不行动，理想就是空想；不行动，联想就是妄想；不行动，遐想就是乱想。

　　做一件事，想了就断，断了就干，干就快干，干就干好，干净利落,雷厉风行,立竿见影！别只当空谈愿望的小矮子，要做不尚空谈的实干家。

第十卷

修炼人生智慧

XIULIAN RENSHENG ZHIHUI

人生感悟

RÉNSHĒNG gǎnwù

在心田开一扇窗
事必躬亲采摘至深愉悦

人天生有惰性，总想着吃最少的苦，走最短的弯路，有最大的收获，受最甜的关爱，享最多的幸福。

事儿有人可以替你做、帮你办，但无法替你深感悟、真体验；人少一段心路历程，就会缺少一点感应，即使一生成功，心田里还是留一片精神"天窗"。

实现成功之快乐，得到收获之满足，体验幸福之愉悦，不仅在奋斗历程的终点，也存在于顽强拼搏的过程！

人生该走的路要自己走，该吃的苦要自己吃，该做的事要自己做，该交的人要自己交……别人无法去替代自己的一切，就要自己来完成一切。

人有一百 形有百态

人有一百，形有百态。

人与人共处，从来没有天生合适之说，而且要相信：以前不合适的，以后也不会合适！人和人都是"两好轧一好"，彼此谅解包容，互相理解增信，自我存异求同。

风风雨雨的磨合，改变着彼此间的不适合。尊重他人者人自重，庄严自己者他人敬，助人为乐者人乐助！

正所谓，"人不敬我，是我无才；我不敬人，是我无德；人不容我，是我无能；我不容人，是我无量；人不助我，是我无为；我不助人，是我无善！"

为人处世 践行"四常"

　　一个人为人处世，不能以他人之心待人，自愿多付出、少计较；不能以他人之举对人，有雅量、别狭隘；不能以他人之过责人，要平和、不纠结。

　　一个人要保持内心平和，不急不火，不躁不骄，不怒不恼，秉持一种雅量，坚持一切随缘！

　　经常践行"四常"：

　　　　　　常思己过，

　　　　　　常鉴人错，

　　　　　　常念人好，

　　　　　　常践承诺！

经常笃学铭记和深思彻悟的十四个批注

笃学铭记和深思彻悟的十四个批注：

1.胸口摸得着的尺寸叫胸围，胸口摸不到的尺寸叫胸怀。

2.眼睛看得到的地方叫视线，眼睛看不到的地方叫视野。

3.嘴里说得出来的话叫内容，嘴里说不出来的话叫内涵。

4.手上比画出来的动作叫手势，手上比画不出来的动作叫手段。

5.脑子里测得出来的东西叫智商，脑子里测不出来的东西叫智慧。

6.耳朵听得到的动静叫声音，耳朵听不到的动静叫声誉。

7.证件上印出来的叫文凭，证件上印不出来的叫文化。

8.温度计量出来的叫温度，温度计量不出来的叫温暖。

9.手指写得出来的文字叫文章，手指写不出来的文字叫文学。

10.镜子里看得到的是自己，镜子里看不到的是自我。

11.金钱衡量得出来的是价格，金钱衡量不出来的是价值。

12.存款显示出来的叫财产,存款显示不出来的叫财富。

13.牵挂在嘴巴上的叫情话，牵挂在心坎里的叫情感。

14.看完后转发出去的叫分享，看完后不转发出去的叫独享。

独享不如共享，独白不如明白，独奏不如合奏，独处不如共处！

要学会放下！

"应该怎样面对人生？"这个世世代代、人人共问的人生命题，居然可以从房子里得到全部精彩答案！

屋顶说"要高瞻远瞩"；

房门说"要居安思危"；

空调说"要保持冷静"；

时钟说"要惜时如金"；

日历说"要与时俱进"；

钱包说"要量入为出"；

存折说"要留有余地"；

镜子说"要反躬自省"；

台灯说"要照亮别人"；

墙壁说"要面壁思过"；

大床说"要敢于梦想"；

窗户说"要拓宽视野"；

地板说"要脚踏实地"；

楼梯说"要步步为营"；

马桶说"要学会放下"！

人生感悟 美言赠己

责任就是方向，经历就是资本，性格就是命运。

复杂问题简单化解就是专家，简单问题重复破解就是行家，重复问题用心求解就是赢家。

美好属于充满自信的人，机会属于充足准备的人，奇迹属于充分执着的人！

细节决定成败，思路决定出路，道路决定前途！

不想干事儿，总能找到推卸的借口；若想干事儿，总能找到正确的方法！

路不通就拐拐弯儿
欣喜才是硬道理

　　人生在世要经历多次多样多少担当负责，小到对家人、亲人、友人和路人，对同学、同乡、同道和同人；大到对家族、宗族、民族和种族，对个体、集体、团体和总体，还有对国家和社会。

　　许多责任是义不容辞、责无旁贷的。此外，每个人还有一项最根本的责任，便是对自己的人生"安全"负责，永葆身体安然无恙、政治安稳向上、经济安全妥当、生活安康舒畅。

　　遇见走不通的路、过不去的坎，就拐拐弯儿；遇见想不开的事、看不惯的人，就转转身儿；不要愣挺着了，不要硬撑着了，不要太固执了，不要认死理儿了，不要再较真儿了……

　　人不论多大，余生都一定要好好爱自己，跟谁在一起舒服就跟谁在一起；忙闲都要好好过日子，自己想啥日子得劲儿就过啥日子！

　　欣喜才是硬道理！人到了上有老下有小、不大不小一把年纪的时候，头脑一定要冷静清晰，既玩不起，也输不起。凡事薄冰上履，务必小心翼翼！

灿烂在阳光下绽放
理想在拼搏中展望

潜心细想，人活着真不易，每天都有意想不到的事儿：有高兴的、有扫兴的，有开心的、有伤心的，有痛快的、有无奈的，有顺理成章的、有无所适从的，有研机析理的、有混淆是非的⋯⋯

无论什么事儿，都是一种挑战，就是一个磨炼，不经历艰难困苦永远不会老练成熟！

人生终点冲刺，比的不是输赢胜负，而是心安理得。心安理得了，这一辈子才叫赢了！

努力做好每一件事情，全力做好每一天的自己。不是为了求得别人的认识认可，而是追求时时处处问心无愧，无愧于自己的良知良心。

一个人一生一世就应该是，灿烂在阳光下绽放，潇洒在风雨中奔忙，坚强在泪水中成长，理想在拼搏中展望！

莫丢星光不怠慢太阳
惜时如金笑对艰辛

人天生欣赏自己，理解自己，体谅自己和疼爱自己。

一个人总觉得自己的努力不比别人少，自己的辛苦老比别人多，总是被自己的拼命用劲儿感动着。

一个人真正冷静公正地同他人比较，就会明白天外真有天，人上真有人，就会清楚别人比自个辛苦得多，别人比自个拼搏得狠。

世上和你一样每天披星戴月、早出晚归的大忙人比比皆是，为了诗和远方，人家甚至竭尽全力，倾其所有。

人必须惜时如金，笑对艰辛！珍惜时光，不负众望，绝不能丢了夜晚星光，又怠慢了白天太阳。

天道酬勤是永恒的真谛！人，越努力，越充实；越使劲，越有劲；越勤奋，越幸运；越吃苦，越有福。

放松心情提升自我
不负时光和努力

社会竞争日益激烈，每个人都在自加负荷，拼命地干工作、创事业。

一个人越不会放松心情，越容易昏头涨脑，无序盲动，无效劳动。

碌碌无为，即使付出时间、精力，乃至心血、辛酸、辛苦和眼泪，但是没有回报提升和超越自我也是不值得的。

废寝忘食并不等于正在努力，加班加点不代表正确拼搏，疲惫不堪不意味着真抓实干。

只有体力强人、精力超人、能力高人、毅力过人和定力仁人，才能算是干实事的人、干难事的人、干大事的人。

俯视江海潮生
笑对百般人生

人皆是赤条条来赤条条去，功名利禄都是生不带来死不带走！纵使将相王侯一世荣华贵富，到最后也不过就是一撮灰土。

莫叹人情冷暖、世态炎凉，且看云卷云翻、潮起潮落；莫叹青春不再、容颜早衰，且听流水华年、少壮如波，气吞山河，岁月如歌。

多呼吸自由自在的清新空气，少些功利是非、私心杂念；多留时间给亲朋好友，少些尔虞我诈、挑拨离间……

仰看苍穹净空，俯视江海潮生，坐观代谢新陈，笑对百般人生。

跨越沟壑
是奔向成功的快乐

不是任何人都能成为伟大的人,但是,任何人都可以怀揣伟大的梦,成为内胜为王的人。

"幸福是奋斗出来的!"奋争能够改变人生境遇,努力可以改写人生轨迹。不断努力能把简单事情做得十分娴熟,你从事的工作就可谓绝活儿;把平凡小事做到精准极致,你所具有的本事就能叫绝技。

全心全意为目标而不懈努力的日子最充实,一心一意为理想艰苦奋斗的生活最快乐,诚心诚意为感情不遗余力的投入最幸福!

单丝不成线
垒石成塔因凝聚而超越

　　金刚钻由每一个碳元素组合而成，但远超自身，它最坚硬；金字塔由每一块石头垒砌而成，却价值连城，它最永恒！

　　人生成功过程不尽相同，但道路不同，道理相通：

　　成功需要每一个渴望成功的人去奋力拼搏，尽管每一条成功的道路都遍布荆棘、多遇坎坷，可是，每跨越一个沟壑，每战胜一次挫折，都能自我感动，让自己因为接近或获得成功而快乐！

人生最长久的拥有是珍惜

清茶半盏，看人生演变；静心一颗，观世界变幻。

话不好说，可以轻描；事挥不去，可以淡写。世上最幸福的体验是平凡，而不是非凡；人生最长久的拥有是珍惜，而不是珍奇。

没人搭理时，坚守心灵深处那分笃信执着；众人仰慕时，保持生活之中那种平静淡泊。

长夜漫漫醒来就逢白昼，暴雨狂风过后仍现彩虹。生命个体千差万别，最佳状态是自得其乐！

诗意遐想浪漫时尚
辛勤弹奏生命乐章

　　人生要善于给生活添些丰富想象与诗意遐想，乐于给生长添点青春活力与浪漫时尚，勇于给生存添加内生动力与向上力量，勤于给生命添上辛勤劳动与收获希望。

　　人生经历多了，就能学会品尝不同味道；阅历广了，就能学会鉴赏不同情调；资历深了，就能学会甄别不同里表……

　　人生阅历丰富多彩的人，不管生长怎么坎坷，生存怎么失落，生活怎么落魄，生命怎么孱弱，生态怎么残缺，只要精神不滑坡，心灵不堕落，意志不消磨，就会创造和享有流光溢彩的世界！

井底之蛙只能蜗居
草原上骏马日行千里

人学好，如逆水行舟，不进则退；人学坏，如顺流而下，任由惯性！

难走费劲的路，都是上坡路；好走省劲的路，都是下坡路。

逆流而上的鱼，都是活鱼；随波逐流的鱼，都是死鱼。

温室培养的花朵，都是娇嫩的花，虽鲜嫩艳丽，但不经风吹雨打；大地孕育的花朵，都是娇艳的花，既芬芳浓郁，又抗暴风骤雨。

动物园里驯养的"骏马"，都是"卧槽马"；大草原上散养的骏马，才是千里马！水井里只能蜗居井底之蛙，永远深藏不了腾飞巨龙。

临渊羡鱼 不如走好自己的人生轨迹

一个人过日子总爱羡慕别人的生活，总在感叹人家都比自己幸福。

事实未必如此，因为，个人对比别人的生活，总是习惯比上而不比下，坐标系定位老是最好的，参考系数老是最大的，仰视"人上人"，悲观对自身。

人生不能不切实际地把底线无限抬高，自寻烦恼；不能不着边际地把自己丢给幻想，自陷迷茫。人活在世上，都有适合自己的活法，没有必要垂涎别人的生活；都有属于自己的宇宙行星轨道，没有必要仰慕别人的运行方式。

你怎么也不能成为别人，别人怎么也不能成为你；你的人生别人怎么也不能复制，别人的人生怎么也不能完全适合你。过好自己的生活才叫最现实、最舒适地活着！

生命有局限别消耗于抱怨
生存有空间要勇于拓展

个人的生活都是自己选择的，没有谁强迫的。人选择什么样的生活，就会活成什么样的人。

没有哪个人的生活一直是快活形影相随，也没有哪个人的生活里没有品味过辛酸痛苦的滋味。

一个人遇见了自己无法改变的，就要想办法改变自己。学会自控止怒，保持明志淡泊，从来就不是一条笔直平坦的道路。

生命有局限，别消耗于抱恨埋怨；生存有空间，要勇于开拓延展；生活有甘甜，归属于心甘情愿；生长有快慢，取决于理性实践……所有自觉自愿付出的努力，最终都会积蓄成为人生向好的权利！

与命运拼争渐次强悍
人生境界巅峰仍有企盼

　　人生路上都志向攀升，结识高人。但是，自己没有相当强大时，即使与强者同行了，也很难真正跨入强于自己的行列，或是人家不接纳，或是自己很尴尬。

　　人生与命运拼争，风雨兼程，付出超常体力和精力，不外乎是想在遇见值得付出的人时，攒足足够的勇气、底气、才气、大气，具有十足的决心、信心、爱心、恒心。

　　一个人渐次强悍，一切企盼便不再那么高不可攀。人生提升到什么境界，都永远处在上升状态、奋进姿态。

　　"天外有天""人上有人"，既有人在仰视你，也会有人平视你，还会有人低头俯视你。

　　一个人抬头仰视容易自卑，低头俯视容易自负，只有平视，才能发现和把握真正的自我！

第十一卷

思考成就人生

SIKAO CHENGJIU RENSHENG

人生感悟

RénSHeng ganwu

拼搏的路上永不驻足
携初心便会一生奋斗

做人做事付出超常的努力，并不是要让别人说"他了不起"，而是为了让自己看得起自己！

一个人一生的一路奔波，并不在于瞬间的爆发突破，而在于"永远在路上"的忘我拼搏。

即使有千百个放弃的理由，也不要驻足止步；即便什么理由都没有，初心这个理由依然压轴；人活着就要奋斗，就得往前走！

励人志、暖人心、鼓人劲、激人勇的，不是哪个圣哲馈赠的心灵鸡汤，而是身边更为出色者的榜样示范力量。

拥有一颗感恩之心面对世事
生命就会温柔以待

人生在世，要心存感恩。感恩大恩大德，乃至报怨以德。这既是一种生活态度，更是一种人生境界。

感恩顺境和一切利好因素，给自己带来如愿以偿的丰富收获与幸福感悟；感恩逆境和一切不利因素，为自己锻造忍辱负重的坚忍性格与追求幸福的坚毅执着。

人心被感恩温暖着，人性就会温柔亲和；生活为感恩充盈着，生命才能温馨祥和；人格由感恩滋润着，生态环境都能"含情脉脉"。

一个人拥有了一颗懂得感恩的心，他的人生就厚植了善根慧根，他的前程就高照着吉星、福星！

处逆境恪守初衷
临佳境居安思危

人生大舞台，常伴胜与败，孪生兴和衰！

任何人都不可能永远一路坦途、一派风景、一片掌声，都会碰到丛生的荆棘、艰难的跋涉、辛酸的刺痛。

人在顺风顺水、风平浪静时，务必保持清醒，不可得意忘形；人在逆风逆流、风吹浪打时，务必保持淡定，不可诚惶诚恐；人在冲击打击、风雨淋漓时，务必保持坚毅，不可有所畏惧。

身临佳境顺境之中，能居安思危，脚下的道路才宽阔长远；身处险境逆境之时，能恪守初衷，人生的前途才蔚为壮观！

逆水行舟用力撑
你若坚持曙光必现

人生无论是伤悲还是倒霉，不管情绪低落还是身处低谷，时光都不会因为某人某事而停步。地球不会由于谁情谁愿而倒转。

人活着总要不间断地奔向下一个驿站；前行的道路上，难免有乌云密布、阴雨绵绵，但是总有拨云见日、云开雾散之时。

做人最要紧的是处在低谷时能忍得住艰苦煎熬；深陷烦忧不会放弃对美好愿景的追逐追求。

人若足够坚强，好运一定眷顾。永远不可以感觉走投无路，永远不能够废弃半途。再坚持一点点儿，就可能迈过去一道坎儿；再熬过一个阴霾，也许会迎来晴朗开怀！

信仰是心中的绿洲
希望之地让人纯洁

人生最大的能量源自信仰，人生最深的修行发自感恩，人生最高的境界来自亲和。

一个人开口常笑，不是因为他比别人获得的多、笑点低，而是因为他比别人计较的少、易知足！

一个人每天每日经历的事儿很多，开心的和伤心的，放心的和闹心的，欢心的和忧心的，暖心的和寒心的，都来扎堆凑伙儿挤进心窝儿。

一个人活得累不累、乐不乐，取决于自我调和；心里边静不静、纯不纯，取决于自染红尘。

心里染红尘，心灵就昏沉。破掉红尘，心灵清纯；忘掉昨天，心里不烦；扔掉痛苦，心中幸福。

"自知者明，知人者智"。真正做到了、做好了、做久了实属不易；人要想快乐幸福永远相随，就得学会解释、解答、解决藏匿在人生里的人性、人情、人格、人品的奥妙玄机与神奇秘籍！

守诺是信任的基石
失信是失败的前奏

人往往习惯承诺，而违诺失信时，却总是指责对方不诚信不践诺。

人与人之间的信任是由一个又一个坚定的承诺垒砌的，守诺越多越好，信任塔基就越是牢固可靠。

一个人当自己明明知道做不到的时候，不要随意拍胸脯允诺；否则，伤人互信、伤己诚信。

一个人的言行不是由客观条件支配的，而是由自己的心性决定的。条件是一种可能性原因，不能代替可行性路径，也不能套用规律性结论，更不能用来解释自己的言行。

做人应该内外兼修、表里如一、言行一致。由内而外触及心灵深处的感悟、感动、感触，才是正大光明的、积极主动的、正确无误的、成熟成功的。

人生舞台 强者如珍珠总是熠熠发光

自己做出一个决定，不必太在乎别人怎么看怎么说，没有必要奢望别人理解，自己坚定支持自己就足够了。

强者内胜为王，不是外界说强才强的；王者都是傲视风吹雨打、注重自扫内心庭院的人。

强者即使遭到质疑、非议和指责，也是泰然处之，淡然置之，一笑了之。说话办事儿，只要不昧良心、不逆良知、不违常规、不失常理和不悖常情就问心无愧、心安理得了。

一个人慈悲为怀就不会给别人制造烦恼；一个人智慧人生就不给自己制造烦恼。要善于理解别人、原谅自己，见人过可以反诸己，但千万不要拿别人的过错惩罚自己。

人要努力向世界播撒爱，自己就欢乐开怀；人总是去怨恨别人，内心就一片苦海。

人生要乐于付出有价值的努力，这是人生提振的精神状态、提气的奋斗姿态、提神的思想动态，必然换来一生的更多精彩。

秋需要细赏慢品

秋需要细赏慢品！

秋是较真务实的，"春华秋实""秋后总得算账"；秋是丰富多彩的，"五花三色""层林尽染"，秋天总会呈现秋色；秋是多情善感的，白天有夏的暖意，夜晚有冬的寒气，"你怎么对她，她怎么待你"；秋是薄凉沉寂的，"秋风落叶""秋去冬来"，秋季确有冷酷无情的一面，否则，怎么有"落叶知秋"的感叹？

秋又是明媚含蓄的，"天高云淡常是朗朗晴空万里见""含情脉脉凝视远送南飞雁"！敛藏岁月风骨之美丽，笑傲疾风骤雨之袭击，过往都降沉于淡泊宁静之心底。

人生之世有无智慧莫过于"两知"，即"知道"和"知足"；是否贵贱无非是面对"两界"，即"眼界"和"境界"！眼界常局限于身外的大千世界，境界才是自己的内心世界。唯有心善，眼界才宽广，境界才高远！

知不足而改进
不言败强底蕴

人不可胆怯懦弱，但不能不知敬畏、不重荣辱。

人常听说"失败是成功之母"，但我总以为"成功是成功之父"！记得司马懿说过："不要和愚蠢硬碰硬，要学会向愚蠢低头。臣一路走来，没有敌人，败而不伤，败而不耻。先要学的是善败。看见的都是朋友和师长。"

一般人往往犯了错才能吸取教训，加以改正；处在逆境遭受磨难，才能奋发图强；遭到冷嘲热讽，才能道悟理明。

一个人一生中可以失败许多次，但只要没有怨天尤人，还不能以"失败者"定论；一个人在挫败中善于反省，知不足而改进，知耻辱而后勇武。虽依然谦逊为人，低调行事，但只要拥有了随时高调的实力底蕴，就注定了修身成仁、不是凡人。

爱是生命的火焰
坦诚相交彼此温暖

做人要做一个让人放宽心信得过的人，不管相识早晚、相处长短，都能发自内心地说，"认识你真好""感恩有你相知相伴"！

人与人之间，最大的吸引力，不是相貌容颜，不是财产金钱，也不是能力才干，而是传递给对方的亲和力、忠诚度、踏实感、正义感和价值观，一种昂扬向上、正气充盈和乐观自信的正能量、安全感！

人生历程中的人际交往，并不都是角逐竞争和利害冲突，更多的是彼此传递着相互爱护帮助、共同成长进步的暖心温度。

正是因为有了"人人喂我，我喂人人"的古老传说，所以才演绎了无数个"人人为我，我为人人"的鲜活故事！

做人就要做拥有"三条命"的人

人生在世叫活命，人生有势叫好命，人生失势叫浅命，人生乱世叫狗命，人生去世叫丢命！

碌碌无为便终了一生的人，只有一条命，叫性命；

比较优秀且知足一生的人，却有两条命，一个叫性命，另一个叫生命；

出类拔萃并荣光一生的人，则有三条命，一个叫性命，另一个叫生命，还有一个叫使命。

做人就要做拥有"三条命"的人，因为这意味着人生怎样对待和记载生存、生活和生态！

爱 是天地之间最大的磁场

人人自带气场，虽然它看不见摸不着，但这种神奇的力量，正像万有引力一样，无时无刻不在影响人生的幸福指数和人气指数。

一个人的理念、理想，信念、信仰，心地、心态，亲情、友情，爱心、爱好，偏爱、偏执，希望、欲望，静息、静候，等等，都会影响自己的气场。

气场决定气质，气质决定气度，气度决定气数！气场是多场集成的，主要有意念场和信息场。意念场很重要：思想引领现状！因为思想支配言行，潜意识左右"潜规则"。想涨正能量，就要树立正确思想。

能量的秘密早已被揭示：和谁在一起很重要！因为"近墨者黑，近朱者赤"！信息场很关键，人体是一个非常奥妙的信息场，因为一个人每时每刻都在和外界互动交流信息、交换感应能量。

天地之间爱的磁场是最强大的磁场！爱是人身上充盈放射的正能量气场，因为只有发出爱，才会吸引爱、感知爱。真心的爱敞开心扉毫无私心杂念，关爱人、理解人、包容人、帮助人、成全人！

　　一个人发出的爱越多，集聚的爱的气场就越强烈，收获的爱也就越广博！

吃苦受累人生原味儿
负重前行与朝阳相迎

人生知足，时刻幸福！人肯吃苦，终究有福！人胸襟大度，吃亏也是福！

吃苦受累是人生原味儿。走得再远，飞得再高，得的再多，都离不开苦与累的孪生相伴。

生命就意味着承受。人无压力轻飘飘，人有动力兴致高！压力传导，能让自己负重前行，倒逼奋争；动力传递，可使自己再接再厉，乘胜前进。

不管何时何地，都要激励自己，尽量让自己的心情欢喜。人生从来就没有不可治愈的心灵创伤，也从来没有不能终结的消极沉降！

人心充满希望，人生洒满阳光！

所有经历都是铺垫
终将绘就人生的五彩斑斓

　　人生历程风平浪静总是多于飘忽不定。

　　人生存着，总会碰到不顺眼、不顺心、不顺利的事儿。每秒每分每时每刻每天每月每季每年，苦也过、甜也过、哭也过、乐也过。一些烦心事一些烦人事儿，乐呵呵就淡漠了；一些难受苦一些难干活儿，忍耐忍耐就超脱了；一些伤心情一些闹心景儿，走着走着，就忘却了……

　　"心小"，再小的事都是老大个事儿；"心大"，再大的事也不算啥事儿。人生路已有许多苦，就别再给自己加烦忧。人要经常找开心的理由，所有的吃惊遗憾，不过是即将到来的惊喜感动的铺垫！而这接连不断的铺垫，绘就了人生的五彩斑斓……

阅历在经历中丰富
脚踏实地深刻感悟

人的一生总会碰到这样那样的无可奈何，而且随着年龄增长、阅历丰富，无奈会越来越多。

个人曾经设想的美好愿景，都在"天公不作美"的懊悔中化为泡影；自己本来打算要去做的重要事情，都在"生不逢时"的悲哀中，落得个"竹篮打水一场空"。

一个人只有品尝过现实的艰辛，才会真正明白做人不易、做事艰难，就能自觉做到脚踏实地、按部就班。历时长了，历事儿多了，阅人无数了，见过世面了，就会越发懂得"有知者智，无知者迷"的道理。

"雄关漫道真如铁，而今迈步从头越"。事非经过不知难，经过风雨见世面！听过的大小道理很多，但只有自己亲身经历过，尤其是摸爬滚打地走过，感悟才会来得更深刻！

心态时刻自我调整
尽享生命最美风景

人生恰似声波，有高有低，有峰有谷。

一个人有了好心态，才能有好状态；一个人有了好状态，才有可能有好姿态。

人处于愤怒心态应远离决策状态！"冲动是魔鬼"！不冷静，心里很难清醒；不平和，容易悖逆科学。

一个人心情一团糟，心态就好不了，姿态就高不了，状态也就不可能好了！

好心态并非与生俱来，而取决于自己的修行，以及随时随地的自我调整。

期待会在等待中凋谢
看花莫待花枝老

人生感悟 *RENSHENG ganwu*

人生总爱期待，但从不青睐等待！

不要把好东西等待特别的日子才享用，因为，人生在世每天每日都在过着特别的日子！

不要把好感情等待特别的时候才表达，因为，人情世故每时每刻都在经历特别的时候！

不要把好记性等待特别的年龄才使用，因为，人的学业每个阶段都能够做特别的充电！

不要把好感觉等待特别的环境才交谈，因为，人心冷暖随时随地都能够去特别的关联！

人对人好，就好像一杯美酒，真解闷儿，但喝下去了就没了，却能令人回味；人对人不好，正如一粒种子，真解气儿，但播出去了就种下了，却会生根发芽……因此，一个人尽管去施爱，千万别计较受伤害！

通往理想的路蜿蜒崎岖
坚持跑下全马才能登顶

人生在通往成功的大道上，没有平坦的道路可走，只有沿着崎岖小路不断攀登的人，才能达到光辉的顶点。

一个人在实现理想目标之前，总要走过蜿蜒迂回的路程。行进在奋斗的征程中，如同在跑马拉松，半程是艰苦期，心里也是最纠结的，虽然付出许多辛苦，但还是看不到尽头。容易犹豫彷徨，甚至半途而废。

只有"不忘初心，砥砺奋进"，才能保持定力，沉得住气，坚持走下去，而不迷失。喝彩或许来得很迟、离得很远，但只要不言放弃，终究会入主庆功席。

拼搏却淡泊名利
用深度丈量生命的意义

人生变幻无常，逆变却是常有。

人有理想追求，并为之不懈奋斗，不论或高或低、或大或小、或多或少、或远或近，沾染了"名利场"就意味着进入"角斗场"，只要有钩心斗角，就会有人钻营、有人奉迎，也会有人忘恩、有人负义。

最幸福的人生，就是平平安安！虽然拼搏着，但却淡泊名利；虽然奋进着，但却心境平静。平静着享受光阴的庇护，幸福着品味生命的本初，不为名所忧，不为利所愁，不以物喜，不以己悲。

人生既能为甘于当下的平凡，而能心态平衡；也能为取得骄人的业绩和实现圆满的成功，而能持之以恒。

坚忍是由内而外的熊熊烈火
终将燃烧成卓越的自我

人生没有一成不变的固定轨道，也没有墨守成规的标准答案，更没有不容抉择的必然结果。

一个人付诸行动的，不是一项僵化固化的规划，而是一个向善向上的方向；不是一副束手无策的顺从、迁就与苟且，而是一种顺应万变的能力、勇气和决心。

人一定要在不确定性的环境中把握利好与可能，坚持不懈地努力奋斗，持之以恒地刷新优秀纪录。

个人的坚忍、果敢和行动，不是用来说给人家听的，无须写出来刻意自我解释与牵强附会地自圆其说，它是由内而外熊熊燃烧的烈火，更是"自信人生二百年，会当击水三千里"的拼搏与始终追求卓越的自我。

生命是追梦与圆梦的链接
经历的失去都是命运的褒奖与恩赐

生命是追梦与圆梦的链接，是得而复失与失而复得的交接，它们在一生之中循环往复，铺就了人生道路。

一个人经常感觉好像"痛失至爱"，可是回头看、仔细品，却常有"幸好没有"的感慨。

人与生俱来的一个人性弱点是好逸恶劳，有时"穷困潦倒"被逼得无可奈何，才不得不"穷则思变"放手一搏。

在一个人的成长日记和心路历程里，永远没有感恩懒惰的笔记，也永远不去怡然自得地记载选择安逸的回忆。

一个人失去了"宝藏"会痛苦万状，但能催生孕育新生的力量！只要心灵深处洒满阳光，过去的阴霾晦气必定被驱散退场。

一生一世有许许多多自以为是的失去，恰恰都是命运的褒奖与恩赐。一个人也正是在历经无数次的失去，才真正学会自尊自爱、自警自省、自律自制。

人生路上 放下过度奢求
给自己一片纯净轻松自由的天空

人生容易掉进贪婪的陷阱，欲壑难填、贪得无厌，有了还想要更多的，有好的还想要更好的……

做人往往被左右、受制约，常常被诱引、受蛊惑，说些违心话、做些亏心事，甚至有悖常理、违背初衷。

人生路上，必须自愿放弃过重欲望，放下过度奢求，放手过头执着，给自己一片纯净轻松自由的天空。

懂得放下自我，才能找到本我；善于修正自我，才能塑造超我！有这么一段话，给我很多启发，"人生之旅，痛才是经历，累才是阅历，变才是经过，忍才是历练，容才是理性，静才是修行，输才是教训，赢才是资历"。

随缘生活自然洒脱
恬静淡定知足常乐

光阴似箭，时光太短，太多的守望都已时过境迁、物是人非；人情世故，世态炎凉，太多的缘分早已人走茶凉、早就淡忘。

一生之中，许多个舍不得，只能埋在心底；一些个禁不住，只有刻意忘去。

一个人与生俱来注定了不容易，不能把人家对自己的鄙弃嫌弃唾弃抛弃，变成自己对自己的放弃；更不能总是自我委屈憋屈抱屈冤屈，和自己过不去。

人生一定要学会顺其自然，随遇而安。随缘生活，才活得乐呵洒脱；随缘做人，就能找准正确方向持续前进。

一个人保持一颗随缘安生、自然立命的心，就会拥有一分知足常乐、恬静淡定的心情。

用童真的眼神看世界
心灵澄清赏一路风景

相由心生，眼睛注解心灵！

一个人的眼神即时而又完整地折射着心灵。人人都能读懂别人的真、善、直、美，情、愁、爱、恨。

一个人内心纯洁干净，就会显得单纯天真、美貌年轻。大多数人都喜欢小孩的眼神，黑黑瞳仁里的那分纯真、那分亮晶，总让人感慨那种不容置疑的真诚，感动那颗本真无邪的童心。

长大成人后又有几个人能保持那种清澈透明的眼神，真正做到随时随地老老实实做人，干干净净做人，堂堂正正做人，规规矩矩做事，踏踏实实做事，本本分分做事？

心知肚明，才能看清并实现美好愿景；心里透明，才能看到并分享美丽风景；心灵光明，才能看准并拥有纯真感情。

持之以恒的求知欲
在孜孜以求的行动中抵达

人生既要循年而进增强进取心，又要持之以恒保持求知欲；既要树立天天向上的恒心，又要付诸孜孜以求的行动。

人人都知道"书中自有黄金屋""书中自有颜如玉""书山有路勤为径，学海无涯苦作舟"。

有的人也想多看看书、勤悟悟道，可是，才翻了两三页，便心不在焉开小差儿走神儿了，或者困意袭扰睁不开眼睛了，第二天早上醒来却发现，那书还停留在那两三页上呢。

人人都晓得"生命在于运动"，有的人也想健健康康的，可是早晨不起床，白天不迈腿，晚上不管嘴，整天戒不掉手机，管不住熬夜，"不良嗜好一个也戒不了"。

一个人当梦想还在继续，就要告诫自己：努力努力再努力，就注定能够幸遇更好的自己！

用童真调动心灵
激情四溢与快乐同行

人生路上总会有遗忘，一生一世总会有遗失，把握机会应对挑战总会有遗憾，岁月蹉跎总会有遗落。

人生历程上走着走着就会丢失一些东西，有的是不被珍惜、随手抛弃的，也有的是极其珍爱的，无可奈何痛失的。

一个人童心未泯一定会天真烂漫，对一切充满好奇的激情也能感染老气横秋的人们。

人要善用"童心"温润和调动心灵。不高兴了，不妨找知音倾诉内心的苦闷；高兴的时候，就自自然然开怀大笑！

一个人的忧愁肯定能在毫无顾忌的倾诉中溜走，那些莫名其妙的紧张也会在放声大笑中得以释放。

一个人要始终保持孩提般洁白无瑕的心境，用本真的心做人，用善良的心待人，用纯正的心看人，用感恩的心对人！

看淡些心境就会站在秀峰
看开些心情才会遇见光明

在人生岁月中前行或者攀登，常有发自内心的感动，许多人许多事许多景，看淡些心境就会站在秀峰，看开些心情才会遇见光明。

人人都有自己的社会角色，但未必每个人都去好好扮演自己的角色；人人都有分内的职责，但未必每个人都去好好履职尽责。

生活多么美好，可惜好多人却发现不了！甚至更多的人不善于享受生活的美好，反而把美好的生活搞得一团糟。

一个人的懦弱与倔强、脆弱与坚强，往往都会超乎想象。坚强者有的人有时候，也有可能一句话戳了心窝，转瞬间变得非常脆弱，哭诉痛说；倔强者有的人有时候，也有可能一过节触动了敏感神经，转眼间变得十分懦弱，怕这怕那。

人的成熟取决于一个"悟"字，历经了风霜雨雪，汲取了经验教训，洞穿了人间百态，习惯了良莠不齐，体会了酸甜苦辣，经历了生离死别，浓缩了人生感悟，明白了处世之道……于是，便自然而然地学会了笑看花开花落，懂得了扬弃取舍。

人生路上 纵使稀松平常也要笑入梦乡

人生是用生命写就自己故事的一本书。不管浓墨重彩，还是轻描淡写，最先感动的是作者本人。

一生一世，终归终了，即便长命百岁，也不过是历史长河中的一瞬。

短暂人生必须活得善良、正直和真诚。善良让人生道路越走越宽广，正直让自己的气场充盈满满的正能量，真诚让个人的内心世界越来越和外界互通交融。

一个人行进在人生路上，倘若改变不了风向，就要想方设法调整风帆；倘若改变不了结果，就要竭尽全力调整心结。

一个人必须笑对人生，纵使稀松平常，也要笑入梦乡；即便生活昏暗无望，也能看到曙光。

一个人能驾驭自己的思绪就是智者，能控制自己的情绪就是忍者，能把握和引领别人的思绪和情绪肯定是强者仁者！

人生求变 每天都需要"从现在做起"

人生求变，变是主旋律，不变是小插曲；人心思变，穷则更思变，改变窘迫窘境，改得荣幸庆幸！

很多人每天都想着改变，也下决心"从现在做起"，晚上躺到床上时也雄心勃勃，第二天早上醒来了还是重复从前、依然故我。

一个人别妄加抱怨，要豁达乐观；别自我可怜，要自强向前。奋进虽然艰难，但后悔更是难堪。

人任劳简单，但任怨就难；人就怕疲沓，并不怕疲倦；人也不畏惧流大汗，但流眼泪谁人心甘情愿？！

一个人只有付出超常的努力，才有可能取得非常的成绩。偷闲不能成就圣贤，偷懒不会生活甘甜。混日子混不出出人头地、令人羡慕的样子，浪费时间长不出出类拔萃、让人瞩目的才干。

人不愿意花时间去艰苦努力创造幸福的生活，就必然会努力花更多时间去艰难地熬过痛苦的生活！

生命中最好的机遇是遇见心旷神怡的自己

人心易浮躁，多被"争"字扰！因为争，人心不平衡；也因为争，人存私心而不公正。

一个人是什么样的人，内心就有什么样的世界。小肚鸡肠、斤斤计较的人，生活也会对他斤斤计较；尽心竭力、不计得失的人，生活也会对他礼让恭敬。

人的幸福指数是自己决定的，看开得失成败，有追求但不强求；有所为但不硬作为。持正直心，做正派人，说正确话，干正经事，睡正常觉，就可以活得张扬正能量。

人要生活得简单，朴素勤俭，随缘而安。不做财富金钱的奴隶，也不做柴米油盐酱醋茶的奴仆。"家有万顷良田也是一日三餐""家有广厦千间也就睡下一床三尺三"！

一间房屋能养终生，一眼天地可怡心情；幸得一知己，幸福一辈子！心旷神怡才是修来福气！

繁忙中寻一丝惬意
在嘈杂中寻一分静谧

（受"十"字启迪）

人生旅途，不管南北东西，横竖都是路！

世界是平的，吐故纳新、新陈代谢都在遵循自然法则；生活是平的，喜怒哀乐、生老病死都在演绎周而复始。

人要善于自我调节，在繁忙中寻一丝惬意；在嘈杂中寻一分静谧；在动乱中寻一时安宁。心态安好，幸福安在。

人生有关心相伴是多么美好；有关爱相随是多么美好；有关怀相守是多么美好；有关系相惜是多么美好；有关注相助是多么美好！

涵养来自潜移默化的积淀
能力是千锤百炼后的机缘

　　人生需要滋养，身体需要营养，头脑需要教养，心灵也需要涵养，情感需要培养。

　　身体营养，侧重外在给予；头脑教养侧重内外兼修；心灵涵养，侧重内在积淀；情感培养需要互敬互谅、互爱互帮且久经考验；人生滋养需要潜移默化、润物无声的浇灌与千锤百炼、千辛万苦的历练。

　　不论是惊涛骇浪，还是风平浪静，心灵都体验自身的修行与涵养。事物的正反面和它们之间存在无限的想象空间，总会有任由心灵欢欣鼓舞和休养生息的机缘和资源。

　　一个人有无涵养的突出表现，是看他有无自持于己的能力,具有超乎寻常的自制力；要看他有无加持于人的能力，具备不同凡响的引导力。

鲜花对人的启发！

梅花启发我们，做人要高洁傲雪；

杏花启发我们，做人要感恩报春；

桃花启发我们，做人要好自为之；

蔷薇启发我们，做人要友善合群；

石榴启发我们，做人要内涵饱满；

荷花启发我们，做人要一尘不染；

水仙启发我们，做人要赠花余香；

桂花启发我们，做人要包容亲善；

菊花启发我们，做人要冷静清爽；

芙蓉启发我们，做人要内外兼修；

山茶启发我们，做人要博爱温馨；

蜡梅启发我们，做人要抵御寒冬！

向日葵启发我们：每天都要面向朝阳，每天都要放射光芒，每天都要充满希望，每天都要奋发向上！

打开心窗 是抵达彼此最近的距离

人人都是活到老，学到老！学无止境，学而不厌；学无先后，达者为师！

一个人置身在茫茫人海之中，首要的和基本的学习，是学会感悟人生。"想要快乐，就要随和；想要幸福，就要随缘"。

每个人的一生当中都会有许许多多的无可奈何。"人心隔肚皮"的感叹时常相伴。人与人之间隔心了，彼此之间的距离就远了；心与心之间交心了，彼此之间的距离就近了。

其实，人与人之间隔着的那张"肚皮"就像一张薄纸，尘封屏蔽了，它就是厚墙一堵；敞开交融了，它就是明窗一扇。

人人都想"心想事成"！做事情速成其功，立竿见影；但"好事多磨"，才是常态常情。

思考成就人生 SIKAO CHENGJIU RENSHENG

最好的总会在最不经意间出现

"不要着急，最好的总会在最不经意间出现"。

一个人要永远怀揣希望去努力，静待美好的期许与相遇！日子老是有朝有夕，时光一向是有来有去，生活总会有起有落，时运也会有济有悖、有顺有逆，事情才会有波峰有谷底。

一个人要尽最大努力张开双臂拥抱阳光，张扬正能量，提振精气神，保持好心情，继承好风尚，传播好声音，宣树好形象。微笑不仅样子好看，微笑还会用美好迎来更加美好！

自己对自己好，别人就有可能会对你好；自立自强、自尊自爱，别人就有可能对你高看一眼、厚爱一分，甚至心悦诚服相互爱护，并伸出援手互相帮助。

人生参悟太阳
努力燃烧自己霞光万丈充满希望

万物生长靠太阳，人物成长靠阳光！

人生似乎总和太阳有关。人顺利发展、飞黄腾达时，就比喻蒸蒸日上；人手握胜券、屹立高峰时，就比喻如日中天；人老弱病残、势气衰败时，就比喻日薄西山了……

人生恰恰要参悟和借鉴太阳运行的道理，壮丽日出时，要尽最大努力整天都燃烧自己，照亮身旁、昂扬向上、热情洋溢、充满朝气；冉冉升起时，要尽最大努力全程都展示自己，旭日东升、紫气东来、豪情万丈、激情四溢、充满活力；徐徐下降时，要尽最大努力释放自己，关照万物、提升温度、恩泽生灵、充满温馨；渐渐隐落时，要尽最大努力点燃自己，夕阳红遍、尽洒人间、霞光万丈、充满希望！

人生演绎四季
春夏秋冬辛勤努力

人生就是在诠释"天人合一";人生也是在演绎一年四季:春、夏、秋、冬!

人生虽是大自然的缩影,但又与大自然大相径庭,四季能轮回,春去春还来;但生命有去却无回,终了不再来。

一年之计在于春,一生花季在青春!"春种一粒粟,才能秋收万颗子"。人生勤耕耘,生活总幸运!

人生命百年,浓缩起来只不过就是三天:昨天、今天和明天!前天都不是我们自己的,它是前人的,但我们可以分享前人的福;后天也不是自己的,它是后人的,但我们不能做后人的主!前人自有前人苦,后人自有后人福!我们自有我们的任务:创造并分享幸福,继承并巩固基础。

日夜更替,周而复始,但昨天似流水,逝者如斯夫;今天虽然在,正在东流去;明天即将来,也是留不住。

一个人善于翻篇、归零尘封昨天,驾驭当前、珍惜今天,才能放眼长远、无悔明天。日子不过就两个:好日子和坏日子,干吗不过好日子? 一天不过两组合:白天和黑夜,日夜不停交替接力,日子才绵延永续,生命才生生不息!

人人皆是大千世界里的过客
笑对风云起落

人生会遇见很有趣的现象，比方说，背着行囊，就意味着客串他乡，放下包袱，就标志着回到了故乡。

人生几何都会懂得，人人都是大千世界里的过客，各个都在历史长河中匆忙走过。

每个人只有"心脏"一颗，本该让她保持从容淡泊，健走山重水复的流年岁月，笑对人间红尘的风尘起落。

人看事物要全面，不可偏见片面。看"庐山"，要看真面目，不能横看说岭，侧看言峰；看森林，要看大生态，不能只见树木，光瞅林相；看人，要看表里如一，参考众人的公认公论，不能知人知面不知心！

人看人和事，不为多事扰民，不为惹是生非，不为明哲保身，只是为了将属于自己的日子，过得平稳平安、平静平淡、平衡平实。

哪人人前不说人
谁人背后没人说

哪人人前不说人，谁人背后没人说！

一个人只要在世，难免会招惹是非，遭到非议。往往人越卓越，越容易遭人嫉妒曲解；人越有本事，越容易遭人忌恨毁誉。

让众口一词很难，取悦众人欢心更难。世上人来人往，谁也做不到让所有人都喜欢自己，谁也没办法让所有人都赞美自己。

懂你之人，自然不隔心，不必费心表白；不懂你的人，自然没交心，根本不用耐心解释。

懂你的知音，绝不会因为有些是非误会和别人的议论纷纷而改变对你的看法；不懂你的人，你大可不必在乎他的眼神，因为你再怎么低三下四也换不来他对你好！

胸有大志大爱之人
定会自强自律生存

胸有大志大爱之人，定会自强自律生存。

习惯成自然，生活凭习惯。道理可以用来开悟人生、开启智慧。但是，往往能够改变人生的并不是听过的大道理，而是一个人在日常生活中养成的小习惯。

道理不是万能药，习惯塑人真奇奥！人生如何取决于掌握自我，而不在于大道理怎样勾勒；非凡人生都源自好习惯的积少成多，永无止境的自我超越。

优秀是一种养成习惯，认真是一种长修态度。一个人能够严格自律，知敬畏知廉耻知取舍知进退，看似谦卑，日积月累即可"不怒自威"。

人不自律，任性生活，看似洒脱，实则堕落！要么就是被"人生苦短，应及时行乐"的享乐主义俘虏，要么就是被"今朝有酒今朝醉，明日愁来明日愁"的悲观主义迷惑。

大千世界，每一个不自律的人，都会给自己带来烦恼悔恨；每一个不自律的行为，都会给自己增添痛苦泪水。生活的意义是不要做欲望的奴隶，自由的本质不是一味地放纵自己。一个自律的人绝不是无所不为，而是有所为，有所不为！

真挚情感是千载难逢的心照不宣
蕴藏着根植于心田的情缘

每个人内心深处都清清楚楚，当自己真的犯难无助的时候，"朋友圈"里能掏心求助的人屈指可数。

人与人的距离，实质上都是在做人知行合一的差距。血浓于水的亲情、忠贞不渝的爱情、亲密无间的友情，都是千金不换、千载难逢的心照不宣，都是千锤百炼、千挑万选的真挚情感。

一个人知行合一的综合能力决定自己的亲和力，直接影响着自己的沟通力、凝聚力。日常生活中的偶遇和不及痛痒的一些攀谈，只不过是路人相遇间的一些搭讪，根本植入不了心田。

"物以类聚，人以群分"看似有点冷若冰霜，实际上向来都蕴藏着重情重义的真理力量。

岁月见证奋进的年华
时光沉淀最美的风景

时光是人生岁月最完美的见证，岁月是时光流年最完美的验证；时光是人生征程上最真实的佐证，岁月是奋进年华最公平的考证。

人生岁月蹉跎，年华匆忙走过，过往惜时如金的温和还剩几多？历经岁月悠悠，看过日出日落，曾经花前月下的温情还有多少没有散落？

人生最难做到也是最为纠结的是生离死别的阻遏、悲欢离合的抉择！别再难为生活，因为生活本来已经太难；别在生活面前畏难，因为生活本来就没有标准答案，每个人的生活也不需要千人一面。

一个人不必期望太多，只要健健康康地活着，堂堂正正地站着，甜甜蜜蜜地爱着，平平安安地走着。岁月会如实记录经过，时光能真实回放以往。

家虽寻常，但求天天都能看到开心的脸庞，就是幸福的分享；爱虽平凡，但求天天都能感到悉心的挂念，就是温暖的传感。时间，会沉淀最真实、最深沉的情感；风雨，能考验最亲密、最忠诚的伙伴。

　　走散的，尽管不是背叛，但总是伤心的遗憾；走远的，尽管不是背离，毕竟是痛心的远去……只有团聚起来的，才是值得珍爱的情感；只有留下来的，才是值得珍惜的情缘。

人不怕累身 而惧怕累心

　　事不关己，高高挂起。置之度外，多数人尚可平和，身在其内，还有几人能够超脱？

　　一个人不能随便对别人评头品足，因为，你没有设身处地的真实感触。

　　一个人发自内心羡慕的，往往是自己想得到的；心生妒忌的，常常是自己想得到却得不到的。

　　一个人在多数情况下，正能量被耗损，并不是因为生活和工作本身，而是因为生活和工作中遭遇的渣人。

　　任何人做到心悦诚服地"任劳任怨"都很难！人不怕累身，而惧怕累心！人生最累的不是平衡质地结构不均、重心难以对称的怪异东西，而是平衡形形色色、错综复杂人际关系里的个人情绪。

思考成就人生

SIKAO CHENGJIU RENSHENG

所有经历 都是给人生的礼遇

　　人生有许许多多、形形色色的无可奈何，年龄越来越大，无奈越来越多，感悟越来越多。

　　原来设想去实现的种种愿景和各个蓝图，许多都为复杂而又冷酷的现实所夭折毁灭。

　　一个人经历和饱尝了艰难，就能明白人生有太多太多的沟坎，有待于一个个跨越；就会懂得人生之路是曲曲弯弯的，等待你一往直前。

　　历时久了，遇人多了，经事杂了，眼界宽了，心胸广了……就会更加明白从前有些表现，是多么愚钝、简单和肤浅。

　　"6 岁顽童与 60 岁老翁说哲理，语言文字相同，内涵相去甚远。"人生哲理，人人没少听过，自己亲身经历，摸爬滚打过，感悟才会更加直接而深刻。

　　凡事，都有独自的周期，发生、发展，消长、消亡；凡事，都有完整的过程，犹如人"生老病死"；凡人，都有共同的经历，正像"婚丧嫁娶"一样……经过了就是多一种懂得；其实，所有的经历，全都是给人生的礼遇！

柳成荫看似无心 其实却是水到渠成

　　世上没有白费的付出，也没有白搭的辛苦，因而也就没有白捡的财富，更没有白来的幸福！

　　人生没有免费的午餐，生活中没有天上掉下的馅饼，打拼路上没有赶巧的成功。柳成荫看似无心，其实却是水到渠成。

　　世上没有人有权力剥夺别人的权利，也没有人有资格践踏别人的人格，更没有人有"条件"蔑视别人的尊严。

　　永远不要去触碰一个正派人的底线，因为他比谁都活得堂堂正正；永远不要去触动一个实在人的底线，因为他活得比谁都实实在在；永远不要去触碰一个老实人的底线，因为他活得比谁都老老实实；永远不要去触碰一个讲究人的底线，因为他活得比谁都明明白白；永远不要去触碰一个厚道人的底线，因为他活得比谁都厚厚道道。

人间最美风景在心中

人间最美丽的风景并不在眼中，而是在心中；人生最美好的感受并不在于体验过多少次荣幸，而是内心深处的淡定与从容。

一个人绝不是每一段路程都会获得成功，不是每一次奔波都会有所收获，不是每一次努力都会获取佳绩，也不是每一次落泪伤心都会有人同情怜悯。

一个人"兼听少偏信""兼顾少偏见"。要善于观察自己周边的环境，要乐于倾听内部外界的声音，要勇于面对不可改变的事情。

做人，要站直了站稳了，一直往前走；要行端了行正了，永远走正道；要向上了向善了，始终初心不变。让梦想飞扬并把酸楚带走，让伸手援助传递友爱互助。

人生旅程取舍离合孪生其中，觉得珍重的，就把它留在心底；觉得遗憾的，就让它随风散去……

人生要富有梦想
但必须正视现状

人生要富有梦想，但必须正视现状，才不匹配梦，必然眼高手低：大事干不了，小事不愿意干；这山望着那山高，不屑身边事，整天幻想天边事。

有的人只想舒心生活、不劳而获，却不肯付出、得过且过。有的人只想吃香而不想吃苦吃亏，久而久之把梦想变成了幻想；有的人只想出彩而不想出力，把"光明前途"变成了茫然归途；有的人只想谋求高位而不想奋发有为，把天赐良机变成了风险危机。

天上不会掉馅饼，天下没有免费的午餐，幸福都是奋斗出来的，圆梦的道路总是要历经磨难的，但只要精神不滑坡，办法总比困难多。摆脱扑朔迷离，必须从现在做起，从点滴小事做起，积小胜为大胜，日积月累，久久为功。

一个人的本事不光来自做大事的历练，也少不了干小事的锻炼。小事不愿干，大事不沾边。与其等待跌倒爬起，莫不如首先学会脚踏实地。

六句话浓缩人生

第一句话：生活即活着，活着就要活得开开心心、快快乐乐、平平安安、健健康康。

第二句话：责任即任务，任务就要担当得扎扎实实、兢兢业业、顺顺利利、圆圆满满。

第三句话：性格即个性，个性就要彰显得清清白白、坦坦荡荡、纯纯粹粹、敞敞亮亮。

第四句话：经历即资历，资历就要积累得真真切切、清清楚楚、厚厚实实、堂堂正正。

第五句话：自尊即自信，自信就要把握得结结实实、稳稳当当、洒洒脱脱、和和睦睦。

第六句话：简化即简明，明快就要做到善于当专家——复杂的事情简单简约做；善于当行家——简单的事情重复反复做；善于当赢家——重复的事情用心专心做。

人总有期待也总有无奈
顺其自然心胸坦然放得欣然安然

风景大多妙趣横生，不同的角度感觉各不相同；横看成岭侧成峰，远近高低各不同。

观看不同的风景，就会感受不同的美妙；体验不同的生活，就会感受不同的味道。

人总有期待，人也总有无奈；人生总有成功和失败，人生也总有平凡和精彩。

人不要因为偶尔的挫折生烦恼，也不要因为一时的曲折犯急躁。

一个人只有做到顺其自然，不随波逐流；心胸坦然，不尔虞我诈；保持淡然，不追名逐利，幸福幸运、欣然安然，每时每刻必然都在你身边！

生命是自然给予人类雕琢的宝石
你是自己最出色的雕刻师

有的人虽然活着，总是活给别人看，总是盯着别人怎么活，不断地揣摩着别人的看法想法做法，太在乎别人的情况情绪情感。

有些人习惯给自己戴上面具活着，哪怕心里多苦多累，面具上依旧是强装笑脸、勉强乐着。哪怕是在挚友亲朋面前，都不肯脱掉这副面具，害怕让大家看到自己疲惫的身心和憔悴的面孔。

人终究是为自己活的。对虚情假意的人，不用去奉迎；对傲慢无礼的人，不用去迁就；对漠不关心的人，不用去在意；对关心备至的人，不用去装冷。

大千世界任我选择，世事万千不由我选择！为了刻意琢磨别人会怎么看而活着，毕竟不快乐！实际上，人活着问心无愧就得，其他的交给时光岁月！一生不管遇到什么，哪怕只有知音一个，在他面前自己能够完整本真地呈现自个，这辈子就算没有白活！

高傲自大是成功的流沙
切勿恃才傲物沽名钓誉

成功的大殿堂，没有设名额限量，只有用条件衡量。

伟大的人物，往往被效仿，但学生们却很难齐及榜样；杰出的企业，常常被模仿，但后来者却很难后来居上。

古往今来，"成大事者不谋于众"，成绩斐然的人，未必凡事都揣摩众人，但他个人却总是谋深虑远而后定。

一个人想要成就一番大事业，必须具备匹配大业的品德和才能，而且他个人必然是大逻辑硬道理成竹在胸；否则，就会应验那句古话：德不配位必有灾殃，才不及位就是遭罪！

成大事者还必然具有善抓机遇、敢于作为的信心与勇气，这是比天赋和条件更为重要的东西。

成大事者不可恃才傲物，否则，便很容易招致祸患；成大事者不能沽名钓誉，否则，便很容易导致悲剧！

朋友丰富人生
相遇厚道人要倍加珍惜

厚道是宽厚、关爱和包容的总和；是随和、谦让和和谐的选择。

厚道绝不是无原则地容忍他人无礼放肆、无理放狂、无律放纵、无限放荡的"假绅士"；也不是一味迁就人家屡屡侵权、屡屡诽谤、屡屡排挤、屡屡诬陷的"老好人"。

人生相遇厚道人应该格外珍惜，心甘情愿地多交往、多交流、多交心。当自己遇到了厚道人，而他又是个实在人、老实人和讲究人，一定要倍加珍惜，自觉主动地与人为善、待人以诚、向人看齐、与人同行。

厚道人肯吃苦，并不是人家不会躲轻闲享清福；厚道人肯吃亏，并不是人家不会鉴别利害得失和是非真伪！聪明人一定要牢记：谁把厚道人当"傻子"，谁才是"大傻子"！

坚定信仰坚强担当
时光终究会陪同你闪耀辉煌

令人痛不欲生的，往往不是受了多重的伤害，而是为特别在意的人所伤心；令人疲惫不堪的，往往不是多干了多少工作，而是为怎么干工作所烦心。

换一种心情面对让自己伤心的人，他不仅是牵动你情感的一个人，而且是你生命中最重要的一个人；换一种心情面对让自己烦心的工作，它不仅是你谋生的一部分，而且是你生活情趣的一部分、人生价值的一部分、一生梦想的一部分。

一个人必须坚信，自己受的累吃的苦，终究会铺就自己走向光明未来的道路。不必犹豫彷徨，不要东张西望，不能中途怯场，只要坚定信仰，坚守立场，坚持理想，坚决向上，坚强担当，时光终究会陪同你闪亮登场，阳光必然要照耀你灿烂辉煌！

淡泊明志宁静致远
人生选取平淡实则更伟岸

个人活得平淡，其实并不平凡。

人生选取"淡"为主色调，待人接物不矫揉造作，"不以物喜，不以己悲"，坦诚清澈自然而然。

人生选择"淡"为主基调，说话办事不锣鼓喧天，不哗众取宠、不慕虚名，脚踏实地稳扎稳打。

人生选用"淡"为主格调，内外兼修不自欺欺人，不尔虞我诈、不察言观色，做人修身堂堂正正。

人生如画，自为画家！"留白"其中，留给时空！所有的阅历都只不过是经历而已，所有的感受都会让时间老人带走，所有的一切终究会坦然告别。无所谓失去，而只是一种经过；无所谓占有，不过是一种共享。经过的再美好多稀奇，终究只是一种记忆；得到的再平淡无奇，都应该用心呵护好好珍惜！

洞察决定眼界 眼界决定格局
大远见铸就大格局

（七问七断人生）

　　人是学而知之，而不是生而知之，人不学习，哪来的知识？

　　幸福都是奋斗出来的，而不是天上掉下来的，人不奋斗，哪来的幸福？

　　财富都是劳动创造的，而不是不劳而获的，人不劳动，哪来的财富？

　　成功都是拼搏赢得的，而不是清闲等来的，人不拼搏，哪来的成功？

　　机会都是给予有准备的头脑的，而不是碰巧砸到谁脑袋上的，人不准备，哪来的机会？

　　大结局都是大趋势催生出来、大格局谋划出来、大布局决胜出来的，人不洞察大趋势、不具备大格局、不善于大布局，哪来的大结局？

　　大格局都是大情怀造就、大气魄成就、大远见铸就、大奉献实现的，人无大情怀、大气魄、大远见和大奉献，又哪来的大格局？！

百川争流浪淘沙
感念甘苦与共 铭记善待欢聚

　　时间推移如同刮风下雨，吹散刷洗了曾经的邂逅，留住播下了往日的欢聚记忆。

　　困难阻遏如同强力磁铁，筛掉远拒了曾经的萍水相逢，吸引凝聚了往日的患难与共。

　　"路遥知马力，日久见人心"。人只有过事儿，才能识人儿；只有鉴别过利害，才知道谁好谁坏。

　　真心友善待自己的人，在你辉煌时不改初心、情有独钟，即使在你落魄时也一如既往、持之以恒；你伤心时，他陪你难过，你欢心时，他会为你快乐。

　　人生几十年匆匆而过，别像人来人往，转瞬离合；一生实则很短暂，千万别留遗憾！给予我们爱的人，一定要珍惜，对我们好的人，千万别忘记；曾经同甘苦共患难的人，务必铭记于心，同命运共荣辱的人，一定感念终生。

健康是最明智的选择
身勤则强逸则病

人保重身体是第一要务，身体不仅是"革命的本钱"，而且是经略人生的"资本金——血本"！

一个人成功辉煌时，一定要有个好身体，否则就不能享受人生、欢乐开怀；一个人失败落魄了，也必须有个好身体，否则就没有希望东山再起、从头再来！

人生在世，"健康不是第一，而是唯一"！这珍贵，那珍贵，比对全了才知道自己的身体最珍贵；这有道理，那有道理，思辨透了才明白自己的健康最有道理！

人无远虑，必有近忧。又有多少人远虑和近忧过，一旦自己卧倒病榻上，要多少钱才能把自己撑扶起来？从这个意义上说，人生最大最起码的储蓄，是一副健健康康的身体！这选择，那选择，一个好体格是最明智最正确的选择！

不管书山有无径
学而不厌贵永恒

一个人或一个团队的竞争优势在于速度，速度的关键在于策略，策略的成效在于资讯，而质量优良、数量充足的资讯来源于学习。正如杰克韦尔奇所说："学习能力就是竞争能力。"

学习无止境，书山有路勤为径；学海本无涯，学如逆水去行舟！庄子曾说："人生也有涯，而知也无涯。以有涯随无涯，殆矣！"但是，人类生而好奇，偏爱革故鼎新、标新立异。这才蕴含读书求知的不竭动力。加上"芝诺圈"效应——已知领域越大，面临未知领域也越大，未知的诱惑力也越大！

一个上进的人或一个上升的团队终生或全程苦学也不厌倦，悬梁刺股或割爱忍痛亦不疼痛！"唯书有色，艳比西子"！

正所谓：

生而好奇人本性，

不管书山有无径，

学而不厌贵永恒，

"芝诺圈"外比天公！

平生多感激
心存感恩就会感到幸运感觉温暖

　　人都是在时光宝盒里跌跌撞撞成长的，虽有"三岁看小、七岁看大"一说，但是，终究是一点点离开了最初的模样。

　　一个人由幼稚脆弱变得成熟坚强，就一定会走进自己曾经憧憬过的殿堂。

　　没有人不了解走捷径会来得快捷，但都仍然坚守着原则；即使饱尝了世间的冷漠，依然用阳光心态给命运掌舵。

　　一个饱经风霜、历经沧桑、久经考验的人，总是时刻提醒自己，受过伤害了，千万别去害人；经过是是非非了，千万不要惹是非；被人愧对过了，千万别去愧对别人。

　　人要感恩！心存感恩，就会感到幸运、感觉温馨！要感恩父母，他们赐予我们宝贵生命；要感恩家庭，它涵育我们健康成长；要感恩社会，她助力我们有所作为；要感恩时代，她提供了我们做人修身的历史机遇和建功立业的广阔舞台！

过则勿惮改
认错纠错本身就是多彩向上的生活

"金无足赤，人无完人"，世间万物无完美，只有比较能鉴别。

人活得不完美，所以才有错，然而试错、犯错、认错、纠错本身就属于丰富多彩且昂扬向上的生活。

人生岁月本来就是在坎坎坷坷、对对错错中走过的，"智者千虑必有一失""愚者千虑必有一得"。所以，圣贤"王者"和平凡"草芥"都是有对也有错的，只不过是对错多少、大小和利害得失的影响有所差别而已！

一个人即使真的做错了什么，也大可不必捶胸顿足、追悔莫及、痛不欲生，"人非圣贤孰能无过""有过能改善莫大焉"。这次我错了，下次我不犯错，而且肯定不再犯同样的错儿。

一个人面对自己犯错的事情时，最为重要的是别再存续犯错的心情了；要及时改正犯错的事情，更要尽快摆脱犯错的心情。要坚决并尽快走出负面情绪的阴霾，去拥抱并保持向上向善的阳光心态。

善于做梦乐于追梦
务实肯于不被幻想羁绊

　　一个人乐于追梦，但别为梦想所困；一个人勇于圆梦，但别为理想所捆；一个人善于做梦，但别为幻想所绊！

　　一个人务实肯干，方向比努力更重要。在有的人看来拥有即快乐！实际上，往往想要的未必适合自己，拥有了非但不快乐，反而很窝火，而且一个人欲望越多、预期越高，心理压力越大、心情越是烦恼。

　　一个人能真正拥有享有的需要不必太多，一些所谓"必须要"并非"有效需"！构成人生轨迹的"供求"痕迹几乎都是一边寻觅，一边失去；一边获取，一边放弃；一边追忆，一边忘记。今天熟悉的，恰恰是昨天遗忘的；现在牢记的，或许就是将来健忘的。正是自己选择了人生，并不是人生选择了自己。

志存高远无愧时光
找准方位奋力前飞

人生都渴望沐浴幸福快乐，祈祷远离挫折坎坷。

人在享受幸福快乐的时候，总会感到时间太短暂；而人在痛苦难过的时候，却深感度日如年。

时间的推移能告诉过去，痛苦的经历终究会告别回忆。一个人的本领再高强，也留不住宝贵时光；一个人再有胸襟境界，也超不过峥嵘岁月。

世界之宏大，生活之复杂，都不是我们自己所能预见和左右的。一个人必须找准自己的理想方位和自己的有所作为奋力前飞，鼓足勇气面对一切是是非非，自始至终欣慰着自己的那分安慰——问时光流水，我心无愧、我人不悔；问大地苍穹，我志高远、我心永恒！

捧起淡雅花香 握住理想信仰
让爱的温馨诗意流淌

怡然自得，心静自然凉！

找一处山清水秀的惬意地方；

寻一间幽然寂静的茅舍草堂；

置身远离喧嚣闹市的绿水青山；

留居在云水禅心的僻静庭院……

那才叫尽享阳光灿烂和体验静谧自然。

捧起一如既往的淡雅花香；

握住一路相随的理想信仰；

追忆一以贯之的温馨暖意；

回想一生无憾的奋斗奔忙；

笑对一闪而过的郁闷惆怅……

人生在世就是要让爱的馨香永远奔放，让暖的情意永远流淌，让深的记忆永远富有诗意。

人生之旅心静 眼帘才能出风景

人没有十全十美的，所以，没有必要跟别人比长论短、量圆丈缺，更没必要望人兴叹、自愧不如。

谁人不想"出人头地"、差强自己，都在不懈努力，都是很不容易！人要保持一颗永不松懈的进取心，但面对一切也要怀揣一颗永葆青春的平常心。

人生恰如大漠之旅，心躁，口舌会更加干燥；心静，眼帘才能出风景。把失意不快甩给昨天，把执意勤快留给今天，把如意愉快赠给明天。

人生之旅，有些东西绝不是尽如人意的。命运，谁也回避不了；情缘，谁也躲避不了；记忆，谁也规避不了；奋斗，谁也逃避不了。

心态管机缘 健康的身心是人生最大的资本金

健康的身心才是人生最大的资本金！

有的人欠个万把块钱就跳楼轻生了，而有些人负债累累欠款过亿万的天文数字却仍谈笑风生！

有的人碰到一点小挫伤就垂头丧气了，而有些人面对一败涂地血本无归的惨淡败绩却又东山再起！

失败原本就是普通人的常态，怎能堪比大老板们为困境常态烦扰的心态，更不能比量领导者为灾难常态焦虑的状态。

人生从来没有一帆风顺，这个世界不会因为谁愚蠢就多给他一分同情怜悯！一个人格局变大了，不再局限于自我，就会发现，自己的世界宏大无界，自己的天空无比辽阔……

心态管机缘，

成败一念间！

状态连尊严，

荣辱现人间！

流了汗水才会有收获
受点儿累生活才更有滋味

人再苦，"点儿"再背，都不要怨天尤人，更不要怪社会！

人累了别抱屈，哭了也别抱怨。社会上奋斗的人没人不累，只是习惯了用坚强流着汗水忍着泪水，用坚持埋藏了"伤悲"，用坚守把笑脸相随。

有人只羡慕有钱人的大方潇洒，但并看不到人家流淌过的辛勤汗水；也有人爱羡慕别人家的快乐生活，却并不知道人家付出过的不懈努力。

一个人永远不会过上跟别人一模一样的生活，也享受不了跟别人分毫不差的财富！你就是你，不是他；他就是他也不是你！感同身受只是道出了雷同的感觉，但绝不可能去设身处地重复别人的经历和体验生活。

人有了付出，才会有所回报；流了汗水，才会有所收获。一个人难过了，未必逢人便说；苦闷了，不必见人就诉；委屈了，无须遇人即哭。奋进的新时代，再累，也别放弃奋斗；幸福的新时代，再愁，也别丢弃快乐；自信的新时代，再苦，也别遗弃知足。

人生只活一回，别去徒伤悲；生活再苦再累，其实无所谓！不受累，生活才遭罪；受点儿累，生活有滋味！

上善若水 善待一切在善意中成长

一个人要想别人对自己好，就要先对别人好；两好轧一好，才能好得像一个人儿似的，就好比两股绳拧成一股绳儿。

一个人希望别人传递过来正能量，自己必须向别人传输出去正能量！其实这个人人心照不宣的秘方，几乎适用于人与人之间的任何情况。

一个人希望友人对自己真心相待，自己必须首先对友人真心相待；渴望心爱的人对自己忠贞不贰，自己必须首先对心爱的人忠贞不贰！

一个人期待从别人那里获得快乐，自己必须带给别人快乐，而后自己就会感觉自己越来越快乐！

一个人一辈子当好人做好事，这是人生向上向善的题中应有之义，也是自己完全能够自主舍取和扬弃的。

上善若水，止于至善。人无论强弱都要善待别人、善待一切生灵，行善、扬善，在善心善意中成长！

逆境抬头是一种勇气和信心
顺境低头是一种低调谦逊

人抬人人高，人踩人人矮；"互相补台，好戏连台；互相拆台，一起垮台！"

人的一生，老是抬高自己，未必能得来别人仰视；总是放低自己，未必就遭遇别人鄙视。

人无完人，没有一个人是完美无缺的，无须刻意遮掩自己的缺失。做人要常抬头，既景仰仁人志士，也能维护自尊，保持人格独立；做人更要常低头，既低调谦逊为人，也礼贤下士、以人为师。

一个人抬头和低头，不过一仰一俯之间的一个姿势而已，但是一种人生态度、一种人格品质。身陷逆境的抬头，可贵可爱，因为它是一种勇气和信心；身临顺境的低头，更可贵更可敬，因为它是一种清醒和冷静。

信任 是高于个人声誉的一种无形资产

人对人的信任标志着彼此间确立了诚信关系！信任的价值巨大，它是高于个人声誉的一种无形资产。

人被人信任是幸运的幸福的，一个人身边有值得信任的人也是幸运的幸福的；人的一生会结交许多人，能够让自己真正信任的人却屈指可数，这就像人生得知己"有一就实属不易"，更何况寥寥无几？

人信任人是彼此间的一种真情认可、一种理性选择，人结交人，当面背后应以诚信为本，要言而有信；人前人后应彼此维护，要相互爱护。

人信任人是一种责任，是一种担当，有责任就要自觉担负，不可以一见风险就规避敷衍；有责任就要自愿牺牲，不可以一看利害得失就斤斤计较、患得患失。

拥有一颗善良的心
做人修身才是成功

"人之初，性本善"，做人务必心地善良，即使什么大事都没做成过，也不损自己的人格品德；即使从来也没传播过牵引别人的正能量，也不损自己的正派形象！

人格均平等，并无尊和卑！穷富并非天生随，不可用来量尊微！时下人们主观常错位，常用地位财富看贱贵！

一个人用善意面对社会才可贵！拥有一颗善良的心灵，做人修身才是成功；拥有一种"但行好事莫问前程"的善意，哪怕是一贫如洗、衣衫褴褛，自己在外界看来也是活出了有尊严很体面的经历。

常言道："一颗人心不善用，大富大贵都没用。"

走自己的路让别人说去吧
是一种自信！是一种定力！

"走自己的路让别人说去吧"，这不是阿Q精神，而是一种自信；这不是一种自我打趣，而是一种定力，甚至是一种念力！

一个人想啥说啥做啥，不必太介意别人的看法。"哪个人前不说人，谁人背后没人说"，品头论足是无聊人的乐趣，又何必当真看得如临大敌？！

"听到乌鸦叫，还不种庄稼了吗？"不吃人家饭，不必听人言；不由人褒贬，不必跟人辩。人与人的认知历来有差异，不必强求人人整齐划一，但求求同存异而已。

一个人若想别人认同自己，哪怕只是一次提议或拿一回主意，都不必苛求众口一词、高度统一。最好的方式，莫过于少说大道理，尽管去做好你自己。最终总会令人设身处地，能够客观公平地看待事、对待你！

终点也许就藏在拐角的后面
坚持勇往直前 绚烂风景就会出现

每一个通向理想的地方，似乎都要走上一段艰难坎坷的路程；每一个取向幸福的故事，几乎都要经过一些坚持不懈的努力！

每个人行走在这段路上都是对定力的考量，也许会感到迷茫、感受悲伤，甚至感觉绝望。

人的一生不知道要走多少这样的路，才能达到理想目标，但如果不能把它们踩踏在脚下，然后又反作用变成脚力，更加从容不迫地砥砺前行，就很可能遭到失败、遭遇挫败、遭受淘汰。

成功总在努力后，就像彩虹总在风雨后！一个人往往再坚持一会儿，就会赢来藏在拐角后面的成功，但弯道挡在眼前，自己没有去拐弯，因此，一辈子也不知道胜利的终点离自己还有多远。

人生之旅的颁奖地点永远在旅途终点，而不是起点跟前儿。很多的人、很多的时间，离自己的成功实际上就差那么一点点了……如果坚持勇往直前，属于自己的那道绚烂风景就会出现！

品格是一种内在的力量
在相处中诠释信服的魅力和深情厚谊

人与人相处，刚开始接触让人感觉舒服的大都是有魅力的言语，但熟悉以后再相处让人信服的必然是可信任的人品。

人与人的关系，最大的吸引力，不是实力能力，也不是容貌容忍；而是彼此传递的善良善意，自然而然的亲切亲和，还有历经检验的诚恳诚信，以及相互感应到的一种正直正气！

"人善被人欺，马善被人骑"的老话要认真质疑，重新审视诠释。"人善得亲善，马善惹人欢"才是现实，也更加实际！人与人，并不是充斥着失信怀疑和争名夺利，而是充满了爱心传递和深情厚谊！

人要豁达洒脱
太在乎什么就会被什么折磨

　　人太在乎什么，就会被什么折磨；人太计较什么，就必然被什么困扰！

　　一个人即便碰到偌大无比的事情，只要自己做到顺其自然，其实也没什么了不起的，事情一来像刮场风，一阵子就过去了！从来没有刮不散的风，从来也没有过不去的事！

　　人要豁达洒脱，看淡看轻，想开想明白了，是是非非、曲曲直直也就无所谓了。

　　拿得起，能力和担当就对称了；想得开，努力和成绩就均衡了；放得下，盛衰功过和成败得失也就不来烦心了！

　　一生就四天，春天、夏天、秋天、冬天，天天都要往好过；一世就三天，昨天、今天、明天，天天都要过得好；一生一世就两天，白天、黑天，白天要修养好，黑天要保养好！如此循环往复，才能往好过和过得好每一天，这一辈子才叫有福享福幸福！

人之相知贵相知心
与人为善被人感念

与人相处，让人舒服；但行好事，莫要索图。

人交人、人处人，千万别琢磨着欺骗人、算计人；人做事、人看事，千万别鼓捣损人利己、损公肥私。

做人做事务必守住底线，"人在做，天在看"；谋事在人，成事在天；人算不如天算。

为人处世再怎么狡猾奸诈，最终也赢不了老实忠厚。假的终归真不了，总有一天会露馅儿，到头来，落得个亲离众叛。

人与人共事交往再怎么恶毒阴险，最后也胜不过亲和友善。因为好有好报，恶有恶报；不是不报，时候未到。邪恶终究会遭人厌恶。

为人处世要顶天立地，常问自己：我是谁，为了谁，依靠谁；人与人相伴相随，一定要心甘情愿地去想去做帮助谁，想念谁，维护谁。因为，心交心，善对善，亲上才加亲。与人为善总能被人感念，与人方便才能与己方便；与人为伴，才会换来真正伙伴；对人奉献，才会得到别人为你贡献、给予温暖。

云淡得悠闲 水淡育万物
静心无波才有好生活

　　做人要堂堂正正，过的每一天都要一心一意而富有意义；做事要认认真真，干的每件事都要一丝不苟而真有意思。当自己成为"先辈故人"，晚辈后人讲起你的"故事"才既有意思，又有意义。

　　做人要有理想，但不可不切实际地空想；做事要有追求，但不能一门心思去强求。

　　人享福有定数，不可犯糊涂；人吃苦无险阻，不能止半步。"没有受不了的苦，只有享不完的福！"世事虽然难料，但各有各的轨道，只有顺其自然，才是"金光大道"。

　　云淡得悠闲，似神仙；水淡育万物，润"良田"。人世间，纷扰、对错、得失，谁也难求全。"心静，天自凉"，静心无波，个人才有好生活。人生有沉浮，祸福看归属。路在脚下，信仰决定方向，也发掘内生力量；思路决定道路，也关乎命运前途；思维决定行为，也影响作为。

沁园春·柏坡朝圣

摇篮圣地，

飘红气息，

翠柏染绿。

忆荣煌岁月，

欣喜连连！

追昔抚今，

尽失昭昭。

告别延河，

远取平山，

誓言人地共存失。

英明致，

定策略方法，

决胜全国！

战争如此绝妙，

让无数后人尽荣耀。

思前贤英雄，

依靠理想。

文韬武略，

皆近巅峰。

垂功史册，

总使今天境自高。

俱往矣，

数江海逐浪，

随后更高！

始终顽强奔跑
尽享春色美好

人只有走出来的雄壮，没有等出来的辉煌；人只有捉弄出来的灭亡，没有谨慎出来的猖狂。

天再怎么高远，踮踮脚尖就能离阳光近一点儿；海再怎么浩瀚，悠悠小船就能让两岸距离短一点儿。

人世间再怎么复杂纷繁，保持一种平和的心态，任何环境都是自然淡然。

一个人自己不复杂，即便环境再复杂也是简单；做一个简单的人，即使人生再变化无常，也要随缘而动。

一个人性格开朗，性情乐观，即便岁月再蹉跎，也能快乐。做一个上进的人，始终顽强奔跑，即便簇拥不了春天怀抱，也能享有春色美好！

善待每一个人 善待每一桩事
珍惜每一片景 珍重每一份情

日月在交替，时光在飞逝，生活在接续，年岁在增添……此事不遂愿，世间多变换，人生有遗憾，生活常感叹……

人与人共处"不能欺人"，彼此要相互珍惜，因为与人相逢就是缘分，跟身边人就要带着缘分处情分。"百年修得同船渡，千年修来共枕眠""五百年的交情，才能换来今生的一次回眸！"

人与人共事"不能整人"，彼此要包容互助，不要争斗，不要怄气，有话好好说，有气好好顺，"家和万事兴""人和事就顺""天时地利人和"缺一不可，"天时不如地利，地利不如人和"，人和有团结，才能无往而不胜！

人与人共饮"不能骗人"，"酒风鉴作风""酒品见人品"。"酒后吐真言""牌桌上的交情越赌越薄""酒桌上的感情越喝越厚"……

做人要善待身边每一个人，做事要善成每一桩事，即便是做一名过客游人，都必须珍惜每一片景，珍重每一分情！

不管昨天是否有成就
一定努力让自己今天更优秀

师傅领进门，修行靠个人；走路靠个人，引路靠贵人；成长靠学习，成功靠团队。

人每天起床不是为了应付今天，而是要创造比昨天更加美好的一天！

昨天再好，谁也走不回去；明天再苦，谁也无法回避。

人生的路不论多长的距离，都要脚踏实地、一步一个脚印，一步一步地继续。

人不自强，没有人替你坚强；人不向上，没有人帮你造就辉煌。一个人不管昨天有没有成就，一定要让自己的今天更优秀！

贪利而取危 贪权而取竭
做人无欲则刚

做人无欲则刚！

一个人不要指望也绝不可能从欲望的所谓获得而心满意足，因为欲望这头"怪兽"满足了它之后，就会生出更大的欲望，靠"满足"它获得知足，是永远也做不到的……

有的人一辈子贪吃贪喝、贪财贪色、贪名贪利，为了名利不择手段，为了吃喝不顾脸面，为了钱财不惜冒险，为了权力不无冒犯……尔虞我诈、钩心斗角、自欺欺人、斤斤计较……

有的人一世英名，有的人遗臭万年！有的人欲壑难填，有的人胆大包天，为一己私利，心无敬畏、目无王法，自私自利、损人利己、损公肥私……到头来，落得个骂名千载、臭名远扬的下场；有的人甚至遭到身败名裂、家破人亡的报应！

人不可做金钱的奴隶，也不可以让权力美色诱引奴役，钱再多总有用完用不完的那天，权再大总有让用不让用的时段，色再鲜总有蔫了再蔫的悲惨……真真切切、端端正正、和和美美、长长久久的还是好人品好人缘！

直面挑战 站稳脚跟
增强脚力 掌控脚步

行万里路，读万卷书！百闻不如一见，百瞅不如一做。

人们的生活水平提高到一定程度，都会喜欢旅游。即便旅游是标配的"三闲"合一玩意儿——有闲时、有闲钱和有闲趣。

尽管旅游是"从自己待腻歪的地方去别人待腻歪的地方逛游"，但是，古今中外，人类还是青睐旅游的，它毕竟是人们对美好生活的一种向往与追求，是认识新鲜事物和未知世界的一个有效途径和一个体验过程。

人生不论长短，都会碰到许多机遇，也会面临许多挑战，还会遭遇许多挫败，同时会萌生许多念头，也会掺杂许多个冲动，掺和许多次坚持或放弃。

人生旅途上"路线图"是可以自主选择的，也是自己绘画的，绝不是不由自主的甚至是别人强迫的。其中，有"三条线"是不可触碰的——道义规律层面的"高压线"、道理规矩层面的"红线"、道德规范层面的"底线"！

一个人守住了这"三条线"，即可内生"三力"——毅力、定力和念力！于是，便能站稳脚跟，增强脚力，掌控脚步！

本钱与本事犹如鸟之两翼
体力强劲精力充沛才有渊博睿智和深邃

一个人的生命既要依托本钱——自己的身体，也要依靠本事——自个的本领；一个人的"革命"既要依仗本钱——自己的身体，也要依赖本事——自己的本领！

人的"本钱"——自己的身体诸如健康的体魄、充沛的体力、顽强的毅力、旺盛的精力、持久的耐力等，没有"本钱"生命就是力不从心。

人的"本事"诸如渊博的知识、精湛的技能、丰厚的资源、广泛的人脉、多元的渠道、显赫的地位、超重的权力、深邃的思想、睿智的创意等，没有"本事"革命就是痴心妄想。

本钱和本事与生命的质量和革命的分量紧密相连，犹如鸟之两翼，车之双轮，相互帮衬；本钱和本事与生命的温度、成长性和革命的热度、广泛性息息相关，就像乾坤日月，有机组合，缺一不可！

本钱和本事辩证统一于每一个个体。本钱是本事的根基，本事依托本钱发力。有了本钱就有了强劲体力，有了体力就有了充沛精力，有了可能可靠的体力和精力，才有可信可用的能力！

淡泊宁静人生处处是风景
宠辱不惊一路诗意前行

人生就是一道五彩斑斓的风景线，人生就是一部充满未知的旅行记！

每个人都在意自己沿途的风景，也在意自己游览风景的心情。但是，谁的人生旅程也不会因为看到美丽的风景戛然而止、有始无终。

每个人走过的路程都成为身后的风景，可以时常回顾，却不允许驻足停留，就此停顿、迷恋旧情，就会错过更美好的风景！

一个人只有不忘初心，砥砺奋进，才能坚定信心，持之以恒；一个人只有淡泊宁静，保持清醒，才能宠辱不惊，善始善终。

时时感恩朗朗乾坤，处处欣赏美丽风景，事事报以快乐心情，天天享受幸福人生！

莫自视清高 勿盲目承诺……且看《人生十忌》

1. 不要自视清高。

天外有天，人上有人，淡泊明志，宁静致远。当别人把你当领导时，自己不要把自己当领导；当别人不把你当领导时，自己一定要把自己当领导。权力是一时的，金钱是身外的，身体是自己的，做人是长久的。

2. 不要盲目承诺。

言而有信，种下行动就会收获习惯，种下习惯便会收获性格，种下性格便会收获命运，习惯造就一个人。

3. 不要轻易求人。

把自己当别人，减少痛苦，平淡狂喜；把别人当自己，同情不幸，理解需要；把别人当别人，尊重独立性，不侵犯他人；把自己当自己，珍惜自己，快乐生活。能够认识别人是一种智慧，能够被别人认识是一种幸福，能够自己认识自己是圣者贤人。

4. 不要强加于人。

人本是人，不必刻意去做人；世本是世，无须精心去处世。人生三种境界：人之初，看山是山，看水是水；人到中年，看山不是山，看水不是水；回归自然，看山还是山，

看水还是水。

5. 不要取笑别人。

损害他人人格，快乐一时，伤害一生。生命的整体是相互依存的，世界上每一样东西都依赖其他另一样东西，学会感恩。感恩父母的养育，感恩社会的安定，感恩食之香甜，感恩衣之温暖，感恩花草鱼虫，感恩苦难逆境。

6. 不要乱发脾气。

一伤身体，二伤感情。人与人在出生和去世中都是平等的，哭声中来，哭声中去。千万注意：自己恋恋不舍，而别人早就去意已决；退一步海阔天空，忍一时风平浪静；牢骚太盛防肠断，风物长宜放眼量。

7. 不要打断人家说话。

言多必失，沉默是金。倾听是一种智慧、一种修养、一种尊重、一种心灵的沟通，平静是一种心态、一种成熟。

8. 不要小看仪表。

撒播美丽，收获幸福。仪表是一种心情，仪表是一种力量，在自己审视美的同时，让别人欣赏美，这也是一种心灵的修炼。

9. 不要封闭自己。

帮助人是一种崇高，理解人是一种豁达，原谅人是一种美德，服务人是一种快乐，月圆是诗，月缺是花，仰首是春，

俯首是秋。

10.不要欺负老实人。

同情弱者是一种品德、一种境界、一种和谐。心理健康，才能身体健康。人有一分器量，便多一分气质；人有一分气质，便多一分人缘；人有一分人缘，便多一分事业。积善成德、修身养性。

相互关爱 生命便能欣欣向荣
忘我拼搏 人生才能气势如虹

人生因相互关爱而欢乐开怀，因苦尽甘来而彰显精彩！

一个人与其用"平凡更可贵"来自我安慰，却不如活得自然自在来得欣慰。人要"努力到竭尽全力，拼搏到感动自己"！

一个人假如没有超凡脱俗的思想力和自制力，再优越的环境都是倒霉困境，再利好的条件都是困苦艰难，总会焦躁不安。

人生路上常有这样的见闻与共识，"上帝全都是为了让我们成就非凡人才，才在我们的前进道路上设下难关障碍"。

人的生活要经常关照左邻右舍，那些整天不知疲倦忘我拼搏的人，其实人家是"累并快乐着"呢！他们不图辛勤努力的回报成果，总是出现在每时每刻；他们永远只是执着地艰苦奋斗，呈现出来的只有随时随地不懈追求。

人人内心深藏一片大海
只有自己才能拔锚起航 逐梦成真

人的一生，"不如意十之八九"。

人生绝不会依照想象的那样，去完美地兑现美好。人人都有难以忘怀的辛酸苦闷要承受，都有无以言表的艰难挫折去坚忍。

人生绝不是按照设想的那样，顺利地体现顺意。人人都有酸楚的眼泪要擦拭，都有崎岖不平的道路要行进。

人生绝不会遵照确定的那样，由航标灯去导引航程。人人都有深藏内心的一片大海，不自动扬帆，没人为你拔锚起航！

人生绝不要照着臆想的那样，都尽如人意地圆了追逐的梦想。人人都有属于自己的梦，不去自梦自圆，没人替你实现！

人生绝不会照着理想的模样，以芳馨唤起芬芳。人人都有心花一朵，不自护保养，没人帮你培养！

人生，最大的贵人就是自己，他足以让自己自强不息、抖擞精神；人生，最大的敌人也是自己，他足以使自己灰心丧气、一蹶不振。人生是一场从不停火的战争，要逐梦

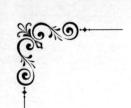

成真，就一定要让自己的"贵人"打败自己的"敌人"，而且务必做到"大战大胜，小战完胜，积小胜为大胜"！

人生感悟

RénSHēng gǎnwù

拒绝冷漠心里就会暖和
笑对世界心里就会快乐

　　人活一张脸，树活一张皮；佛烧一炷香，人争一口气。人只要活着就要凸显正气勇气，就要彰显大气豪气，就要显示锐气朝气！

　　一个人一路走来，总要先告别一段往事，才续写下一个故事；先游览一些风光，才观赏下一段风景；先告别一些故人，才结交一个友人。

　　一个人总是期待遇见高雅贤淑，但是，倘若碰到非礼粗鲁，一定要让自己心里有数，别叫自己也不靠谱；即使被人辜负，也要感激幸运之神的眷顾；如果被凉水倾盆，也要乐此不疲温暖别人；假如孤独无助，也要予人爱护、给人帮助。

　　一个人学会了拒绝冷漠，心里就会暖和；一个人笑对世界，心里就会快乐！

悠然立地顶天 淡然行走世间 怡然常驻心田

时间是一个最公正的裁判，它会对每件事做出客观公平的裁决；时间是一个最伟大的作者，它会给每个人写出客观公正的结果。

每个人要做的就是"走在时空里，活在珍惜里"，让生命中的真情永恒，让生活中的锦绣不朽，让生态中的美好不老！

时间从不欺骗人，它自始至终都是客观公平地对待着这个世上的每个人物、每件事物。

一个人小时候，老是抱怨时间走得太慢，老是企及不到大人世界的活动空间和物质资源；长大后，又老是感慨时间过得太快，太多太多追求还没来得及好好感受，自己就已白发满头。

太多太多的人总是活在过去，可是怎么也回不去了；许多许多的人又在计划未来，但愿景却还没有应邀到来。

一种是不甘心、舍不得、放不下；一种是过于憧憬明天，心里又忐忑不安。但愿人们都能悠然立地顶天，淡然行走世间，怡然常驻心田！

第十二卷

营造快乐生活

YINGZAO KUAILE SHENGHUO

人生感悟

RENSHENG ganwu

每一个晨起都会迎来朝旭
要勤奋进取感受晨曦 接受洗礼

"山重水复疑无路，柳暗花明又一村！"人无常势，水无常形；人无常胜，水无常清。山一程，水一程，人走过了就是一生，就有一些往事；走一路，想一路，人想过了就是一念，就有一些故事。

一个人不能陷在悲哀的往事里出不来，那会斩不断、理还乱，降低自己的生活质量。

一个人不要钻入开怀的故事里走不出，那将忘不了、不超脱，障碍自己的人生跨越。

人总得向前看、往前走，"回头看"、常回首。总要告别过去，面对现在，展望未来。往事已经结束，故事正在演绎；故事还没开始，往事即使结束了也会牵绕思绪；故事没有结束，往事即使经常偶尔闪过，也不大可能阻遏故事继续。

每一个晨起，都会迎来朝旭，不要懒惰低迷，要勤奋进取，用加倍努力去感受晨曦、接受洗礼！

不与人争长论短
谦和礼让昂扬向上

一个人昂扬向上，心胸必定宽广坦荡。

一个人和充盈正能量的人相处交往，心里轻松敞亮；和充盈正能量的人共事合作，心里踏实稳当；和充盈正能量的人并肩同行，心里安然舒畅。

一个人谦和礼让，心地必然亲和善良。

一个谦逊友善的人，宁愿自己输掉本金，也不会伤害人心；宁可自己吃苦受累，也不会让别人遭罪。这样的人的一言一行启示我们：最贵重的不是钱财，而是真情挚爱；最珍重的不是物质，而是端正品质。

一个充盈正能量的人，始终毫不动摇地恪守着做人的标准，这就是：不与人争长论短，不与人争输论赢，用让度赢得信任祝福，用让步换来生活幸福。

以理智应对偏见 以宽容面对无情
终会赢得理解尊重

人陷入生活谷底之时，有的会招致无端的蔑视，甚至遭遇"落井下石"；人处在生存挣扎的关口，有的会面对无辜的歧视，甚至人格尊严也会遭到异端践踏。

"人越有压力就越有动力""哪里有压迫，哪里就有反抗"，面对凌辱欺压去针锋相对的斗争,是人的本能,但是，如果冲动使性子，常常无济于事，甚至会事与愿违，让"小人""坏人""敌人"有机可乘，变本加厉。

人在什么时候都不能忘记，"思想支配行动"，什么"斗争"都必须科学理性。以理智应对一切所谓的"偏见不公"，以宽容面对一切所谓的"冷酷无情"，长远看，终究会赢得理解尊重，这才叫维护尊严，而且由内而外大获全胜！

真正读懂时光与岁月 执着追求

一颗平常心 一颗进取心 一颗敬畏心 一颗感恩心

（12个"一"）

一分情，传递了一腔心愿；

一程路，经历了一段时艰；

一群人，呈现了一些打算；

一杯酒，考量了一人忠奸；

一些事，看穿了一样机关；

一支歌，滋润了一块心田；

一本书，回放了一生时间；

一首诗，编织了一刻思绪；

一声唤，留住了一心记忆；

一杯茶，品味了一时心意；

一个人，相伴了一世征程；

一个家，集聚了一群温馨……

　　一个人真正读懂了时光岁月，才会知道自己到底需要什么？！"踏破铁鞋无觅处，得来全不费功夫"，人到成熟，幡然醒悟：原本自己跋涉千山万水，克服千难万险，想尽千方百计，求助千家万户，道出千言万语，分辨千差万别……执着去追寻的，不过是四颗"心"而已：一颗平常心，一颗进取心，一颗敬畏心，一颗感恩心！

认真者变革自我
执着者不停跨越

　　人人都渴望卓越成功，讨厌稀松平庸；个个都渴望潇洒脱俗，讨厌拘谨庸俗。

　　德不配位，必有灾殃；能不及位，必然受罪！"德才兼备"者可深信可重用，"有德无才"者可相信可以用，"有才无德"者可不信可慎用，"无才无德者"可不信可不用。

　　人岗务必相适，恃才不傲，但可恃才清高！正所谓"天子呼来不上船，自言臣是酒中仙"。

　　一个人如果才华不匹配梦想，脚步跟不上眼光，所有的任性只不过是一种狂妄，所有的理想只不过是一念幻想。

　　每个人想要的自由，都需要付出代价；每个人想得的敬意，更需要付诸艰辛努力并运用足够底气。一声声短叹长吁，怎比得上一步步脚踏实地？！与其抱怨，不如改变；与其辩解，不如变化。

　　认真者变革自我，执着者不停跨越。再远的路，都经不住脚步！

任劳任怨放下负担敞开心扉
生活需要挥洒汗水欣然笑对

　　人生谁活得不累？只不过是有的人树立了正确的苦乐观，累并快乐着；有的人习惯了发牢骚去宣泄，累了身、累了心，还要累了嘴；还有的人"没心没肺""少年不知愁滋味"！

　　人要吃苦耐劳、任劳任怨，再累也别抱怨，再苦也别痛哭，人类社会没人不累，习惯吃苦受累、吃亏遭罪，也就解开了心结，放下了负担，自然而然就会露出了笑脸，敞开了心扉。

　　人看这看那、想这想那，有时看中了有钱人的潇洒，但没看人家背后汗水泪水的流淌挥洒；有时羡慕着别人的生活，但没体会人家背后劳作工作的拼死拼活。

　　人生活在现实的世界，就该有这样的思想自觉和行动自觉，"你是你，我是我，我跟你比什么？！""你中有我，我中有你，就看你我咋结合！""我就是你，你就是我，默契你我相融合！"

远离负能量
健行在阳光明媚的路上

　　人有形形色色，分作"三教九流"，也被分成"三六九等"。

　　有的人被冠以"垃圾人"，他们就好像垃圾，在人海中到处飘来移去，带着沮丧失意、愤懑妒忌、自私自利、阴谋诡计、仇恨敌意，带着傲慢偏见、贪婪不满、牢骚抱怨，带着阴损阴暗、愚昧愚蠢、烦心烦恼、失望绝望……扭曲的心灵和变态的心地里的垃圾堆积如山，总想找个地方倾倒污染！！他们往往丧失理智、不能自控，但我们都有理性，能否化解远拒污染悲剧，常常就在一念之间、自我把控。

　　人"近朱者赤，近墨者黑"！一个人必须远拒"垃圾人"、远离垃圾堆，学会绕开垃圾走，健行在干净的路上。千万别接受垃圾人、接收负能量，又把污泥浊水泼向自己的家人、友人、同人或路人。

　　人生短短几个秋，生活本来就有很多烦忧。不要把宝贵而有限的时光，浪费在毫无积极意义的人和事上。

历经沧桑依然追寻梦想
跨越坎坷就能收获辉煌

人的一生，有追求，有成就；有希望，有辉煌；有遗憾，有汗颜。

人生不管有多少遗憾，多少酸痛，幸也好，不幸也好，都是过去，全是曾经，放下，就会轻松。

人生不管有多少辉煌，多少精彩，多少波折，多少失败，都不会尽善尽美，努力了，就无怨无悔。

一个人每天的一次晨起，都是一次生命的延续，不管生活给了自己多少委屈，别人对自己有多少妒忌，都没什么关系，最重要的是继续做好自己。

人生最难能可贵的是，历经了沧桑，亲历了沉浮，承受了负压，看破了红尘，依然能够天天放射着阳光，彰显着大度，保持着豁达，充满着激情，去恪守初衷，去创造人生，去实现梦想。

每个人都要感恩每天再一次醒起的自己！生活如果没有坎坷障碍，人生就会失去斑斓色彩；生命如果缺失欢乐开怀，人生就会少了荣光精彩。

心若安泰 香自满怀
身若洁白 安然自在

做人不廉不行，脑子不用不灵，事情不干不终，问题不解不清，道理不辩不明。

自己是正确的，无须解释表白，做人成熟点自信点，让人好检验；自己是出色的，无须夸耀显摆，做事内敛点低调点，与人好共事；自己是难过的，做人自强点坚忍点，无须絮叨旁白，叫人好诧异；自己是孤独的，做事独立点自励点，无须懈怠放纵，令人好尊重……

人要做自己时空的太阳，无须借助别人的热发光；要做自己生命的全程主角，无须跑到别人的世界去迁就凑合。

一个人能够做更好的自己，才有可能用良好的状态站立人生舞台，才有可能用坚强的自信面对别人。心若安泰，香自满怀；身若洁白，安然自在！

相识靠缘分 相知靠情分 珍惜相遇

　　人和人相识，靠的是缘分；人和人相知，靠的是情分。知心是亲诚的互动；知音是亲切的默契；知己是亲密的交往。世上并不存在谁对不起谁，只有谁不懂得谁，谁不珍惜谁。

　　男人的魅力不在于有多少钱财，长得有多帅呆，而是做人有什么情怀，有多少关爱；遇事有多大胆量，有多少担当；女人的魅力不在于长得多么漂亮，而是对人有多么善良，有多么慈祥。

　　生活中，无论是亲情友情还是爱情，历经沧海桑田风云变幻依然自然而然留在身边的，才是最真最好的。

　　耳聪要能倾听心声，目明要能透视心灵；"看到不等于看见，看见不等于看清，看清不等于看懂，看懂不等于看透，看透不等于看开，看开才不会烦恼"。当自己真正认识到，面子并不是最重要的，这就意味着自己真正长大成熟了。

　　相遇最美好！相遇最珍惜！"五百年的回眸换来今生的擦肩而过"！人与人相遇了，就要格外珍视，一定要给别人留下一分包容，一分坦诚，一分真情；给自己留下一分平静，一分轻松，一分安宁；给彼此留下一分思念，一分眷恋，一分祝愿！

外部压力越大内生动力越足
自强自立 时光就会赋予幸福

  生活的重负并不代表生活的痛苦，"人无压力轻飘飘"，自强自立的人都要向施压者致谢，因为压力能变动力，外部压力越大，内生动力越足！

  一个人顶着阳光、走过时光，就需要学会担当，如果躲避担当，便意味着当逃兵、亵渎生命。时光的内涵赋予担当的内容，要求人们用履行责任和竭尽义务去丰富充实人生，而不能拈轻怕重，更不能把它看成是外界强加给自己的负压太过沉重。

  人想要过平安的生活，要想别人平和地理解自己的生活，就要用正确、热切、和谐的态度跟生活对接。对于变幻莫测的世界和变幻无常的生活，人们很难预测，更难于掌控把握。但只要保持世界观、人生观和价值观不偏颇、老正确，人生永远都会规避险恶、获得快乐。

  一个人在正确的"三观"引领下规划人生蓝图，行走人生旅途，就必然会不断加固"政治安全、经济安全、生活安全、身体安全"系数，持续创造和享受人生幸福。

荣辱与共 心有灵犀
"一二·九"说朋友

朋友不在认识早晚，而在于心理距离是近是远，他未必是最先认识的人或者相处最久的人，而是那个相识以后一直相伴的人。

朋友不在于经常联系或不常联系，而在于总不忘记，时常惦记，彼此珍惜，历经风雨，不离不弃。

朋友不在于门当户对，而在于志同道合，遇到险阻能挺身而出，知道拮据能解囊相助。

朋友不在于如胶似漆、形影不离，而在于心心相印、情情紧系，遇到是是非非能求同存异、心有灵犀。

朋友不在于锦上添花，而在于雪中送炭，人前未必是相互吹捧、彼此相夸，人后必须相互维护、彼此加固。

朋友不在于天天见面，而在于日日想念，互相关切着喜怒哀乐、安危冷暖，彼此荣辱与共、胜败攸关。

朋友不在于炫耀友好，而在于助力他好，他快乐我欢笑，他苦闷我烦恼，他进步我祝福，他成功我骄傲！

悠然行走在自己的世界里
用真情实感绘成缤纷的生命轨迹

时间是一个伟大的作者，它能真实全面地叙写每个人的人生经历和言行轨迹。

人们要做的就是"走在时间中，活在珍惜里"，让生命中的真情实感永远缤纷绚丽！

时间对于我们每个人都从来不瞒不欺，因为它从来就不偏不倚地对待世上每一件事例和每个人的经历。

太多的人过去的事儿忘不了、放不下，身子在现在，心脑却活在过去；很多的人对未来都很憧憬，也悉心筹划，心脑早已进入"将来时"，言行却还是"过去时"，跟不上时代的脚步。

人一方面对追求的想得的不甘心、舍不得，另一方面，对争取的要来的又太在意、很不安……

但愿人人都能悠然自得地走在属于自己的世界里，而不彷徨徘徊在别人的世界中。

承受压力 传递快乐
经历都是人生的打磨

　　鞋子合不合适，道路难不难走，只有脚知道；生活顺不顺心，事业顺不顺利，只有心知道。

　　人要"不以物喜，不以己悲"！人的一生会碰到无数个乱七八糟却又非常棘手的事情，也会引发七上八下却又忐忑不安的心情。

　　一个人喜怒哀乐全在自己，感受接受承受都是自己的，告诉陈诉痛诉给别人，人家或许十分费解，甚至会令人疑惑猜测。

　　谁的事情，谁自己心里很明白；谁的心情，谁自己心里最清楚。苦和乐，福与祸，都是做人做事、修行才能品德的必要打磨。

　　一个人如果始终为外界瞩目关注，那便是别人给予自己的爱护帮助，再累再苦也要忍住，不要自负，不要哭泣，不要对人倾吐……再苦，也要把它牢牢缚束，埋在内心深处；咋乐，都要让它溢于言表，让人感觉舒服！

把拼搏求索叠成美丽的鲜花
不断绽放给世界

世上唯有一件宝物，能始终承受住生活的冲突：她便是一直把自己守护的那个淡定宁静的心窝。

一个人每天都让自己发自内心的快乐，让自己每时每刻都在开开心心中度过，让开心快乐在家人中传播，在别人那里契合。

一个勇敢的人不是不害怕什么，而是害怕得有底线有原则，心存敬畏、手握戒尺，即使战战兢兢、如履薄冰，仍能心知肚明、从容不迫。

一个人生命的价值，在于承担职责中干得兢兢业业，履职尽责中善于单兵突破和善于与人合作，除了不断完善自我、实现自我，其余的时候就是对所有的一切保持低调谦和，甚至假以沉默。

一个人什么时候都不要抱怨别人对自己的取舍有失偏颇，怪罪别人让自己失落过多、空添悲切。人生最遗憾的"跌落"，往往不是思想上的困惑、精神上的滑坡，常常是"犯错不知错，知错不认错，认错不改错"，"一错再错""错上加错"！

一个阳光的人，总会把拼搏求索叠成美丽的鲜花，一朵接着一朵，不断绽放给世界，让自己永远保持幸福快乐，并让别人永远感到和颜悦色……

人生感悟

RENSHENG ganwu

不懈努力提升自己
时空变幻一切皆可改变

　　一个人永远不要期待别人来拯救自己，只有自己才能改造自己、升华自己。

　　自己已经准备了什么含量、多大能量、多少容量，才能吸引吸纳对等、对应、对称的人与自己相遇、相知、相伴，否则再完美的人出现面前、再感动人的事降临身边，自己也不能很好地去把握、理解与珍惜。

　　人生有很多事情，坚持下去就能得胜利。但是，在特定的时空里，往往是抓住机遇，就能抢占先机，胜利在望、胜券在握；如果错过时机，就只能望洋兴叹！"一步没赶上，步步赶不上""机不可失，失不再来"。

　　人生没有草稿！人生没有彩排！人世间的事大都不可复制，不能从头再来；自然界的景也是时过境迁，至少是"年年岁岁花相似，岁岁年年人不同"！"此一时，彼一时"，时空变幻，一切都有可能改变……人生一定要想好了：什么东西，自己依然缺少；什么东西，自己真正想要。

荣辱幸厄随风过 怡然生活
彻悟一切 依然昂首阔步洋溢豪情

人的一生经历的荣辱幸厄都是难忘的承接；体会的喜怒哀乐都是难忘的结果；碰到的曲直坦坎都是难忘的经过。

人生无论有多少遗憾，多少不幸，多少辛酸，多少悲痛，都是过去的事情，淡忘了、放下了，就怡然轻松；人生不管有多少成功，多少精彩，多少喝彩，多少光荣，都不会完美无缺，竭尽所能了，无怨无悔就行。

一个人每一次的醒来，都是生命再续、人在重生，不管生活对自己多么刁难，世人对你有多少偏见，都无关紧要，做最好的自己才最重要。

一个人最难能可贵的是，把一切都彻悟读懂，依然高昂热情、洋溢豪情和焕发激情！

博学而日参省乎己
不断地攀升人生修养的境界

　　一个人是从挫折中奋起的，从回顾中前进的，从病患中康复的，从无知中化野为文、化昧为明的，从苦恼中微笑的，从怯懦中勇敢的，一直在不停地锻造自我，并尽最大努力去助人为乐，就会与日俱增地不断超越自我。

　　人只要这一个优点尚在，即坦诚地自我认错，经常虔诚地自我悔过、真诚地自我改错，时常真诚地反省自我、虔诚地改造主观世界，而不是一味地抱怨外界，就会不断地攀升人生修养的境界。

　　人生难免遭遇挫折，也需要用苦难打磨。如果没有经历过痛苦，生活便不易珍惜欢乐之福；如果没有承受过伤痛，生命就少了抗压的厚重。

狡辩不如改变
遇窘境找原因探路径

人们在被追责问责时，大都习惯于推卸责任，向外人外界寻理由找借口。

一个人看不到自己身上的问题，才是最大的问题！正如人面临危险，自己却意识不到危险一样，这才是最大的危险。

一个人在责任面前，不想不敢不会担当，却百般掩饰、千般躲藏，其实，都不会有好下场！如果犯了错误就找借口，找了一个借口，再去找无数个借口来"弥补"，这无疑是"撒了一个谎，还得再撒一百个谎来圆场"。

一个人选择用借口加上解释借口中的漏洞为自己辩护，无异于自我放纵；一个人如果企图用借口求得别人的谅解与通融，无疑是在自我败坏名声和自己破坏外部环境。

人要经常提醒自己，不要一遇窘境就找原因，一有疏漏就找借口，要坚信"狡辩不如改变，解释不如解决，揽功不如揽过"！

取一片光阴的温暖
善待生命的每一处风景

人与人互相支撑则为"人"；人与人互相依靠则有"从"；人与人互相支撑又互相依靠则成"众"！

一个人常常会因为个人拥有而快乐，因为个人失去而悲伤，于是，有些不知足的人，即使拥有了一切，也不快乐。

知福的人看似一无所有，实则样样都有。舍与得，全在一念之间转折。其实，人生的快乐记录和幸福相册，往往隐藏在追求和拥有的背后，它原本就是那个让人有所寄托，让人心安理得的存在和感觉。

人生追求的幸福快乐究竟又是什么？光阴似箭，取一片时光便温暖；弱水三千，取一瓢来饮便甘甜；繁花似锦，取一朵赏阅便如愿。

生活中每一处风景都是生命的驿站，用乐观的心目看待万物，心里就山花烂漫。人世间，最珍贵的财富是正在拥有，最快乐的心境是活在当下。

幸福人生就是要善观善取一片光阴之温暖，许下更加美好之心愿，永不间断地与人为善、与己为善、与时为善、与事为善！

时间能让人历练到坚不可摧
岁月会让人成熟到不求宽慰

时间能让人历练到坚不可摧，岁月会让人成熟到不求宽慰！

人生要昂起头、挺起胸、笑起来向前走，无须过于纠缠过去的不顺心，不要纠结眼前的小烦恼。不管是怎么走过的从前，毕竟是能让自己快乐的好事情，远远多于叫自己郁闷的倒霉事。

人生是岁月峥嵘，是奋进征程，遇见风雨，就要乐于沐浴、勇敢追逐，用挑战考量生长的成色；遇见阳光，就要乐于润泽、尽情接纳，用成长厚积生活的底色；遇见挫败，就要勇于面对、无畏应对，用坚强滋养生命的本色。

人的一生，就是要"做好眼前事，珍惜身边人""走好脚下路，提振精气神"！只要生命尚在，每天都要严肃认真起来，求真务实现在，较真碰硬障碍，坚持面向未来！

心平气和简朴生活
心灵清澈怡然自乐

人生在世的确不易，每个人都有自己的艰难困苦的经历，都有自己纠结困惑的难题。可是，人生原本就是一场修行磨砺，亲历的事儿多了，懂得的理儿多了，处世为人才会更加深邃缜密。

芸芸众生谁人的痛苦与酸楚不多，但是，总有些人活得更洒脱更快乐，并不是人家占有的财富与享有的眷顾比别人多，而是眼界视野和心胸境界比别人更广阔，内心世界和心灵深处比别人更清澈。

胸襟越坦荡，头脑越清醒，心里越明白，做人就会心态越平和，心情越常乐。

做简洁的仁者，过简朴的生活，即使再多乱象孬事搅扰困惑，也可以心平气和、怡然自乐。

解不开的疙瘩，就别去寻摸；看不惯的情节，就别去琢磨。一生一世百八十个秋，"命里有时终会有，命里无时莫强求"。注定要失去的，原本就不属于自己独有；所有的舍弃，全都是在为最合适的组合让路！

删堵一怒一恼 心中长存感激
脑海常现美好

人生最大博爱是自爱；人生最大的利己是身体；人生最大的修行是宽容；人生最大的幸福是满足；人生最大的善心是感恩；人生最大的完美是慈悲；人生最大的过失是自私；人生最大的迷茫是欲望；人生最大的死敌是自己；人生最大的缺失是无知；人生最大的失败是懈怠；人生最大的冒犯是侵犯；人生最大的真伪是是非；人生最大的品德是认错；人生最大的本钱是尊严；人生最大的忧思是生死。好好珍惜自己，坚持锻炼身体，天天保持欣喜。

人要珍惜当下的一分一秒，回味过去的一点一滴，心中长存感激感恩，脑海常现多美多好，自动删堵一怒一恼。

看透了，疑虑就少了；放下了，压力就小了；弄懂了，心智就高了；明白了，伪装就跑了；释怀了，计较就没了；微笑了，憋屈就消了。

活着就要快乐！快乐是幸福的，这个世上，高薪不如高寿，高寿不如高兴！人活一世，做人做事，看透是一种领悟，看淡是一种财富，手伸得长，受伤就多；活抓得紧，受累就多；想要得频，苦闷就多；心放得宽，快乐就多！

努力奋斗收获令人羡慕的美好生活
忘我拼搏成为令人仰慕的楷模

令人羡慕的美好生活，都是别人坚持不懈努力奋斗的收获；令人仰慕的一切楷模，都是别人苦其心志忘我拼搏的结果。

世界上、社会里、生活中，许多许多的人面对许多许多的事，成天到晚地执着坚持，为了理想信念，自强不息，积极进取，攻坚克难，躬身实践。

人必须天天多努力，哪怕只比别人多上一点点；人务必好好去向善，哪怕只比别人好上一点点。循序渐进长期坚持，就会和从前的自己拉开距离，和同起点的他人形成差距！

一个人自我锻造，必然伴随痛苦与煎熬，但经历一生一世的风吹浪打、千锤百炼，就会取得更好的品德修炼，也会提交更圆满的人生答卷。

想让自己生活更加美丽
就必须更加美好地生活

今日复明日，明日不够多。昨天复前天，前天何其多。

一个人每一天都在努力奔忙，用力向善向上生长，但却在不经意间错失了往日阳光，遗失了过去印象，扭曲了曾经形象。

一个人最需要的，其实是一颗安宁的心。"喜欢大海，它给我们浩瀚；喜欢阳光，它给我们温暖；喜欢智慧，它给我们才干"。

一个人在不经意之间，就会错过些许靓丽伟岸。幸运就是，我们跻身什么时代，我们投身创造时代；幸福就是，我们知道我们是什么角色，我们知道我们该怎么扮演好角色能做什么。

一个人想哭就哭他个畅快淋漓；想笑就笑他个随心所欲；想玩就玩他个欢天喜地；想爱就爱他个彻彻底底。

一个人不要在别人身上寄托自己的喜怒哀乐！真正的快乐，注定来自自己的心窝；想让自己的生活更加美好，首要的就是必须让自己更加美好地生活！

给一颗感恩的心灵赋予执着
就可以像山峰一样屹立巍然

　　"舍鱼而取熊掌"毕竟是一种愿望！"舍利而取义""舍生取义"才是凡人过往和超人自强！

　　人的一生"不如意者十之八九"。很多事情都不可能两全其美、十全十美，但是，不同的人做出不同的人生定位，而后才去"奋发作为"。有的人挖空心思追名逐利，成天到晚患得患失，到头来还是"竹篮打水一场空""赔了夫人又折兵"，有的"血本无归"、倾家荡产，有的妻离子散、家破人亡。有的人心存感恩，始终知恩图报，全心全意回馈有恩于己之人、有助于己的环境，其结果是心诚则灵、人神共助，事业一路顺风、长足进步。

　　一个人一生一世碰到的矛盾太多太多，注定了我们一定要做出选择，只有搞清楚弄明白"舍和得"，在个人名利面前正确认识和对待取舍，始终报以"知足常乐"的心态，把人生的追求索求要求统统看开，给一颗感恩的心赋予执着正当理由，无论男人还是女人，都可以像山峰那样巍然屹立、挺拔长久。

信念靠不忘初心日益坚定执着
信誉靠信守诺言不断上升提高

人性修养是要自始至终重视习惯养成，辟如一串万万不能遗忘的钥匙，又像一株每天都必须浇灌的花苗。就像呼吸一样，须臾不可停歇。无论身在何处，做什么工作，钱少还是钱多，都要坚守内心高贵的品格。万物生灵各有各的行为准则，没有谁的人格比谁有高低贵贱之别。

每个人都要好好去爱生活，爱自个；每一天的太阳都是新的，不要辜负了美好时刻。要养成思想自觉和行为自觉，把一切不快乐都扔给昨天，把所有的努力拼搏都当作愉悦留给今天。

一诺千金，君子践诺！人生绝对不能靠心情纠结活着，而是要凭借乐观向上的心态去生活。坚决向依赖心理和软弱性格告别！自信些再自信些，个人信念靠不忘初心而日益坚定执着；诚信些再诚信些，个人信誉靠信守诺言而不断增多！

倾听自己的心声 怀揣希望奋发进取
幸福就会近在咫尺

　　幸福是一种感觉，需要仔仔细细体会；幸福是一种量具，就像是距离，有时候近而短，有时候疏而远，有的还以为近在咫尺，转瞬间却已在天边。

　　一个人平静生活虽然就像白水一杯，喝起来淡而无味，但它却最纯粹！正是因为它的纯净无伪，才让我们的生命获得幸福的恩惠，懂的人才会在平淡无奇中品辨出甘甜的滋味。

　　生活中，自己觉得高兴不高兴、满意不满意、幸福不幸福，才是生命的意义所在。不要跟别人比这比那，不要因为攀比别人搅乱了自己的步伐。

　　人人都有自己的机遇和福气，也会遭遇自己的挑战和委屈，别拿别人的成绩荣誉贬自己，别盲从他人、模仿别人而丧失自我。

　　多听听自己的心声，多考量自己的能量，走自己的道路，过自己的生活。一个人把希望寄托在别人身上，你只会选择奢望期待；一个人只有把希望揣在自己怀里，你才会选择奋发进取。

营造快乐生活　YINGZAO KUAILE SHENGHUO

心存感恩感激 自己的生活就会充满关爱
世界会更精彩

（感恩与感激）

人心存感激，就能疏通人际关系；人心存感恩，就能亲和友善对待他人！

感恩父母，因为他们养育了自己；

感恩时代，因为时势造就了自己；

感恩祖国，因为"母亲"庇护了自己；

感恩社会，因为环境恩惠了自己；

感恩朋友，因为友情温暖了自己……

感激"作对人"，因为他磨炼了自己的心志；

感激"欺骗人"，因为他增进了自己的见识；

感激"凌辱人"，因为他清除了自己的邪恶；

感激"负心人"，因为他教会了自己的自爱；

感激"使绊人"，因为他强大了自己的定力；

感激"贬损人"，因为他助推了自己的成长。

感恩感谢所有让自己成长成才成熟成功的人，对大千世界心存感恩感激，让自己的生活充满了关爱，自己的世界才会更为精彩！

感恩每一个相伴 感恩每一缕阳光
编织梦想 托起希望

感恩是早晨阳光拂面，真情是午夜月光如水。感恩是茉莉花香，看不到花瓣却芬芳满怀；真情是涓涓细水，闻不到声响却缓缓长流……

草木为了感恩，春的到来吐露芬芳；鲜花为了感恩，夏的到来竞相绽放；硕果为了感恩，秋的到来挂满枝头；雪花为了感恩，冬的到来轻舞飞扬。

我感恩我的父母，是他们给予我生命，给我一个温暖的家，坚实而温馨的避风港将永远成为我栖息的地方。当父母渴时，为他们端上一杯热茶；当父母累时，过去为他们捶捶背；这就是感恩！

我感恩我的老师，是他们教会我做人的道理，指引着我们前进的方向，给我奋力攀登的勇气！因此我要努力学习，取得优异的成绩来报答老师对我的谆谆教诲。

我感恩我的朋友，是他伴我品味生活的酸、甜、苦、辣，让我体会到拥有友谊的快乐。当朋友伤心时，过去说几句安慰他的话，这是感恩；当朋友遇到困难时，伸出援助之手，这也是感恩。

感恩，不仅要感恩身边的人，还要感恩大自然的万事万物。感恩每一滴露珠，它带给我滋养；感恩每一枝花朵，它带给我芬芳；感恩每一朵白云，编织我的梦想；感恩每一缕阳光，托起我的希望！对生活，我们永远心存感恩！

心静即声淡 其间无古今
自由自在豁达洒脱

时光不语，流年寂寂，一笔淡墨，足以把我们的微笑记录并且定格。

人在世间，路在脚下，心在路上，我们的心灵，原本似清泉晶莹，久而久之，也会有痛苦的尘埃跌落沉淀。没有哪一汪清泉永远是一尘不染的，差距就在于一个人怎样用聪慧去过滤红尘杂质。如果老去搅和，让沉渣泛起，痛苦就会搅浑精神世界，甚至让自己饱受折磨；倒不如让尘埃慢慢沉淀，这才能让心灵每时每刻都尽可能保持清澈。

"生活没有模板，只需心灯一盏"。笑能释然，那就开怀一笑；哭能减压，那就放肆哭泣；沉默是金，那就别解释；放下能更好地前行，那就别硬扛着。

人活着就要自由自在豁达洒脱。乌云遮不住太阳，风雨挡不住光亮！

命运是一种使命
努力拼争玉汝于成

命运不是机遇、稍纵即逝，而是一种选择，终身相遇；命运不是等待、守株待兔，而是一种使命，玉汝于成。

一个人不能把自己所有的不如意都推给命运，因为，命运并没有那么可恶，它只不过是忠实地记录了你努力的程度！

一些人喜欢把"努力"二字挂在嘴上、写在脸上、留在朋友圈和个性签名里；有人却低调做人努力做事，辛勤劳动、默默收获。

这世上的确不存在也不相信什么"华丽转身""焕然一新"，也从来没有什么突然降临、"黄袍加身"，每一个骄人身影的后面，都有看到看不到的攻坚克难，也有看不透的心酸伤感。

足够认认真真，足够勤勤恳恳，足够兢兢业业……在点点滴滴的累积加和中，就能自自然然、真真切切地更加接近理想的生活！

爬坡时要有下坡时的心情
下坡时要有上坡时的憧憬

乘车，有起点，有终点；赶路，有早点，有晚点。上班，有提前，有拉晚；登山，有上坡，有下坡。

有时是在宽阔顺畅的路上飞扬，有时是在坎坷寂寞的路上跋涉，有时是在幸福欢笑的路上欢歌，有时是在忧伤狭窄的路上奔波……

只要是行走在路上，只要是用心去欣赏沿途的风景，你就是最美丽的。人生也一样，不可能永远雄居山顶的，有上山就有下山，有高升就有退让，有上坡就有下坡。爬坡时，要有下坡时的心情；下坡时，要有上坡时的憧憬。这样，人的心就平静了、敞亮了……

道法自然 老子 30 个人生感悟

1. 唯道是从，因任自然，有些事不要做过头。

2. 物极必反，盛极而衰，大生于小，多起于少。

3. 留有空间才好发展，树立自己坚定的信念。

4. 学会客观地观察自己，战胜自己才是强者。

5. 培养洞察细微的能力，遵循水的大智慧。

6. 无为，才能无所不为。

7. 凡事总是过犹不及，不居功者成大功。

8. 世间的根本在于"道"，道的本意在于道法自然。

9. 骄兵必败，哀兵必胜。

10. 生活中唯一不变的就是变，以柔克刚才是取胜上道。

11. 人生一定要有梦想，谦退无私才能成大事。

12. 稳步推进胜于强出头，善于借用他人之力。

13. 正确看待人生的成败得失，不争是人生的最高境界。

14. 清静无为，远离死地，知错就改，善莫大焉。

15. 掌握好说话办事的分寸，做人做事都应善始善终。

16. 学会找准自己的位置，创造"天时"与"地利"。

17. 真正聪明的人不卖弄自己，忧患只能来自我们自己。

18. 挫其锐，解其纷，要有大者宜为下的气度。

19. 小不忍则乱大谋，沉默是金，寡言是福。

20. 不自满才能不断进步，看透人生的祸福变换。

21. 保持纯真自然之美，坚持纯真的本性。

22. 不要为贪欲所左右，用辩证思维去观察世界。

23. 立身处世的三件法宝，珍爱自己的身体和生命。

24. 参透生死之间的奥秘，久处巅峰必有隐患。

25. 凡事一定要适可而止，好心态赢得好生活。

26. 过一种快乐而不享乐的生活，保持自我，不入流俗。

27. 当于静处品味人生，以静养智的大智慧。

28. 保持一种简单的快乐，保持一种清静无为的心态。

29. 得意忘形，便会乐极生悲，功成身退也是一种智慧。

30. 学会宽以待人，解怨不如不结怨，不自大才能成其大，相信未来总是有希望的！

图书在版编目（CIP）数据

人生感悟 / 水淼著 . -- 哈尔滨：黑龙江人民出版
社，2019.1
　　ISBN 978-7-207-11714-4

　　Ⅰ . ①人… Ⅱ . ①水… Ⅲ . ①人生哲学—通俗读物
Ⅳ . ① B821-49

中国版本图书馆 CIP 数据核字 (2019) 第 013454 号

责任编辑：张　霞
封面设计：滕文静

人生感悟

水　淼　著

出版发行：黑龙江人民出版社
地　　址：哈尔滨市南岗区宣庆小区 1 号楼（150008）
网　　址：www.hljrmcbs.com
印　　刷：黑龙江艺德印刷有限责任公司
开　　本：787×1092　1/16
印　　张：27.25
字　　数：260 千字
版次印次：2019 年 1 月第 1 版　　2019 年 1 月第 1 次印刷
书　　号：ISBN 978-7-207-11714-4
定　　价：78.00 元